DISCOVER DOBOKU

土木が好きになる22の物語　　吉川弘道

平凡社

PROLOGUE

土木の名場面を綴る

　道路／鉄道、ダム、橋、トンネル、空港／港湾、上下水道など、全国各地で供用されている土木施設を見ない日はなく、そして使わない日はない。私たちの生活と産業を支える土木施設は、それぞれ建造目的をもって誕生し、公共財としてのミッションを長く果たしている。

　本書は、選りすぐりの写真やイラストで "土木の名場面" を綴り、皆様に紹介することが第一の目的である。まずは、その雄姿を見つめ、慈しんでいただきたい。そこには、事業者の熱量とエンジニア魂が横溢する。

物語で語る土木

　「後世まで愛される建造物には、物語がないといけない」。これは、歴史家・磯田道史氏がインタビュー「土木は歴史から何を学ぶべきか」（土木学会誌2022年9月号）で語っていた言葉だ。土木学会フェロー会員としてしかと受け止め、本書の根幹であるEPISODE仕立ての構成に、貴重な示唆をいただいた。

　本書は22のEPISODEからなり、4章立てで物語を進める。物語の間には、さらに土木を楽しむための10のCOLUMN記事を設けた。多くのEPISODEは、ストーリーのある絵本であり図鑑でもある。クロニクル（年代譜）を綴ったもの、土木観光学（インフラツーリズム）に関するものもある。掲載した写真は、工学書としての側面も持っている。

　お気に入りのEPISODEを見つけ、ときに参考文献をひも解き、COLUMNを箸休めとして存分に楽しみ、本書を活用していただきたい。

「土木は種類が多い！ 分類が複雑で分からない！」

　そんな言葉をよく耳にする。その通りだ。世間でいう "土木" とは、橋梁、トンネル、ダムの土木構造物（Civil Engineering Structure）であろう。これには、シールド工法や

RCD工法など建設技術（Construction Technology）も含まれる。一方では、鉄道施設、道路施設、電力施設など、社会インフラ（Infrastructure）としての見方がある。

　これらを一緒くたにして"土木"で通ることがあり、大学／高専／大学院での学科専攻でも、「専門は土木です」と自己紹介することがある。「建築とどう違うの？」という質問にもきちんと答えたい。流行り言葉で言えば、土木の"アカウンタビリティ"を真剣に考える必要があるが、本書では、事例と物語にて答えている。それはまた、企画・設計・施工・運用／維持管理に携わる多くの方の叡智と熱量へのリスペクトと考えている。

「魅せる土木」の応用講座

　社会インフラを構成する土木構造物は、元来、見る者を惹きつける魅力をふんだんに具備していることは間違いない。それは、すでに現場見学・社会見学、インターンシップ、各種イベントが花盛りであることから分かる。インフラツーリズムが全盛であり、webサイトやSNSが後押ししている。

　ただ、"土木は雄大で凄い"、"土木はみんなの役に立っている"から一歩二歩踏み出すことが必要であり、発信側の工夫と努力が必要だ。筆者は、「魅せる土木」と称し、社会活動の一環として執筆と講演を行っている。

　主宰しているwebサイト「土木ウォッチング」とfacebookページ「Discover Doboku」は、当初、学生／院生や土木関係者を対象にしたものであったが、多くの賛同者を得て、土木ファンが増えている。本書は、長年にわたり取り組んできた"魅せる土木"の応用講座の集大成ともいえる。出来あがった本書を読み返すと、まさしく「めくってもめくっても土木」だ。まずは目次を眺め、興味があるページを開き、読み進めていただきたい。

古希明ける春に記す
吉川弘道

「明石海峡大橋」
（兵庫県神戸市）
巨大吊橋の威容は、鋼製補剛
桁を下から見上げると実感で
きる。ここは長さ1991mの
中央支間ではなく、960mの
側径間（本州側）

第1章

次世代に伝えたい
巨大インフラ施設

EPISODE

01-06

私たちの生活と産業を支える土木施設は、線状施設、地下構造物、
巨大建造物など多岐にわたるが、まずはその雄姿を凝視してもらいたい。
土木を主役とする物語にて、それぞれのミッションと
ダイナミズムを掘り下げる。いずれも次世代に継承すべき名品である。

EPISODE **01**

横浜ベイブリッジが豪華客船を 丁重に出迎えた

—
巨大エンジニアリングの傑作は何か言葉を交わしている

[1] クイーンエリザベス号が横浜ベイブリッジの直下をギリギリで通過した（撮影＝林直樹）

期せずして繰り広げられた
光のページェント

　2014年（平成26年）3月17日、世界を周遊する豪華客船クイーン・エリザベス号が横浜ベイブリッジの中央支間直下を通過して横浜港を出港した。[1]を見ると、豪華客船が干潮時を狙い、ベイブリッジの直下ギリギリでくぐり抜けていることが分かる。

　当時のTHE PAGE（YAHOO!ニュース）の記事によれば、「横浜港に初入港していた大型客船クイーン・エリザベス号が17日夜、次の寄港先の神戸に向けて出港した。クイーン・エリザベス号の高さは56.6m。これに対して横浜ベイブリッジの高さが55mで、潮位が下がる時間に合わせ、橋梁すれすれで通過した」と報じている。

　この歴史的瞬間をカメラに収めようと、横浜港周辺には多くの人たちが集まり、固唾をのんで見守った。メディアの関心は、主役としてのクイーン・エリザベス号に向けられていたが、土木技術者としては、横浜港に四半世紀鎮座するベイブリッジが、数千人におよぶ海外のお客様を丁重に出迎え、そして安全に見送ったと考えたい。

　もう一度この写真をよく見ていただきたい。船舶と橋梁という傑出したエンジニアリングの両雄が、"動と静に分かれて邂逅"した瞬間であり、何か言葉を交わしているようにも見える。造船工学と橋梁工学という異なるエンジニアリングの傑作が、堅牢瀟洒な建造物を称え合い、そして長きにわたる安全運用を誓っているに違いない。

鶴見つばさ橋 vs. 横浜ベイブリッジ

　首都高速湾岸線横浜ベイブリッジは、東京港方面と横浜港を結ぶ港湾物流の一端を担い、都市部の渋滞を緩和する重要な輸送路として平成元年（1989年）に開通した。横浜ベイブリッジに隣接する斜張橋（cable-stayed bridge）である鶴見つばさ橋と比較してみよう。

　首都高速湾岸線に連なる鶴見つばさ橋と横浜ベイブリッジは、ともに主塔高さが200mに迫る斜張橋として、湾岸エリアに競演するが如くその雄姿を誇示している。両橋とも海上橋梁としての役割を、"鋼鉄製の巨人が大容量の自動車専用道を保持しながら、長い両足で踏ん張ってその直下に船舶の安全通航を確保している"、のようにたとえることができるのではないか。

　この2橋は、同規模の斜張橋（つばさ橋の方が若干大きい）ではあるが、異なる構造形式を採り、橋梁工学上対比すると興味深い。鶴見つばさ橋[2]の場合、主塔は逆Y型、ケーブルはファン形17段1面吊りであり、一方、横浜ベイブリッジ[3]はH型主塔からファン形11段2面吊りとなっている。

　さらに、車両を直接受け持つ主桁については、鶴見つばさ橋は鋼床版箱桁を採用し、一方、横浜ベイブリッジは鋼床版＋トラス形式ダブルデッキとなっている。専門家によれば、前者のような閉鎖型箱桁はヨーロッパ方式で耐風安全性に優れかつ軽快でスレンダーな印象を与え、後者のようなトラス桁は米国方式であり重厚なフォルムとなる。横浜ベイブリッジは2層構造（上層／首都高速、下層／一般道）となっていることも大きな特徴である。

　海上橋梁は、橋面上の交通流を確保する本来のミッションを遂行する一方で、所要の桁下空間（純支間×桁下高さ）を確保しなければならない。例えば、東京ゲートブ

[2]鶴見つばさ橋：大型のコンテナ船が航行する鶴見港をまたぐ

[3]横浜ベイブリッジ：本牧埠頭と大黒埠頭を結ぶ2階建て斜張橋

リッジのように、航空法による高さ制限が課せられることがあり（それがため、ユニークなトラス橋が採用された）、海上大橋の設計は大変難しい。決して容易ではない設計施工を完遂した2つの斜張橋の競演は、文字通り、最先端橋梁工学の生きた教材となる。

橋梁工学入門：機能と分類

橋梁の分類と種類について、簡単におさらいをしよう。これは、用途（何に使うか）、橋面交通流の位置（上、下、中）、平面形状（真上から見た形状）、使用材料（古くは木、石、煉瓦、その後、鋼とコンクリートが主役）、さらに専門的には主桁／補剛桁の断面形状、等々に着目した分類がある。これらについては種々の考え方があるが、例えば、[4]のように整理することができる。

橋梁の構造工学的な形式の分類については、[5]のように列挙できる。これらは、古くからある桁橋、トラス橋、アーチ橋、ラーメン橋から始まり、近年、急激に発展した吊り形式の橋（斜張橋と吊橋）、さらには、我が国が主導するエクストラドーズ

ド橋などがある。

さらに[5]の模式図によって、橋の基本形式を復習したい。いわゆる "ポンチ絵" なので細部にこだわらず、橋梁形式の基本を読み取ってもらいたい。

より遠くへ、よりはやく、安全・快適に移動したい

この願いを叶える道路施設は、生活と産業に最も密着した土木施設と言えよう。そして、この願いを具現化するのが、海・谷・川・地上物を大またぎする橋梁（bridge）であり、平面交差を回避する高架橋（viaduct）である。

戦後長足の進歩を遂げた橋梁工学は、長大化・高機能化・高耐久化・合理化施工への飽くなきチャレンジの歴史であったともいえる。耐震設計や耐風設計などの構造設計／設計ソフトの高度化も忘れてはならない。i-constructionなどICT技術の導入は、すでに多くの現場で日常化している。加えて、地域のシンボルやランドマークとしてのシビックデザインも求められ、事業者と設計エンジニアの高度な力量を遺憾なく発

[4] 橋梁の基本的分類

用途による分類	鉄道橋、道路橋、併用橋、水路橋、歩道橋
交通流の位置による分類	上路式、中路式、下路式、二重橋
平面形状による分類	直線橋、斜橋、曲線橋
使用材料による分類	木橋、石橋、鋼橋、RC橋、PC橋、合成橋
主桁の断面形状による分類	I桁、T桁、箱桁、ボックス桁、中空トラス

[5] 橋梁の構造形式による分類（長野技研HP「橋梁の種類」ほかをもとに作図）

桁橋　　Girder Bridge

T桁、I桁、箱桁などの断面をもつ桁を橋脚／橋台にのせたもの。単純桁橋、連続桁橋、ゲルバー桁橋等があり、古来より採用されている基本的な形式。

トラス橋　　Truss Bridge

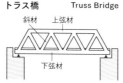

三角形に繋いだトラス部材を繰り返して桁を構成したもの。考案した欧米エンジニアの名前を冠した多くの形式がある。桁橋同様に、単純トラス橋、連続トラス橋、ゲルバートラス橋がある。

アーチ橋　　Arch Bridge

上に凸なアーチにより荷重を支える構造形式。他の直線構造とは異なり優美な景観を呈する。多種多様なアーチ型式が考案され、支間も長大化している。

ラーメン橋　　Rahmen Bridge

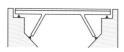

主桁と橋脚を一体化した構造。通例、梁／柱を剛結した骨組構造となり、各部材には、軸力／せん断力／曲げモーメントが生じる。桁橋・トラス橋・ラーメン橋は、最も多く採用されている基本的な形式。

吊橋　　Suspension Bridge

通例2本の主塔を設置し、両端にアンカレイジを据える。これらに主ケーブルを架け、ハンガーケーブルによって補剛桁を吊り下げた構造。最も大きなスパンをとることができる。

斜張橋　　Cable-Stayed Bridge

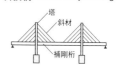

主塔から斜めに張り出したケーブルにより桁を吊る構造。主塔の形や数、ケーブルの張り方や本数など、バリエーションに富む。吊橋に次ぐ長大スパンをとることができる。

エクストラドーズド橋
Extra-dosed Bridge

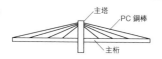

主桁の外側に補強材であるPC鋼材を配置した構造。外側（extra）で補強された（dosed）橋（bridge）。斜張橋と桁橋の弱点を補う新しい形式。

揮し得る分野とも解釈できる。

横浜つながりの僚友に
再会はあるか？

改めて、クイーン・エリザベス号と横浜

ベイブリッジは、先端テクノロジーと巨費を投じて建造された一品生産。期せずして繰り広げられた連夜のドラマは、海洋国・日本の玄関口に相応しい出来事だ。

もはや横浜つながりの僚友（勝手につな

げました）は、日常業務をそつなくこなすことがミッションであり、同時に、非常時にもさもこれが日常という顔でその窮地を乗り切らなければならない。道路施設の場合、強風時や地震時には耐え忍び、有事には緊急輸送路としての物流機能確保が重要な責務。かたや豪華客船は、暴風時にも乗員乗客を安全快適に周遊させる任務がある。

クイーン・エリザベス号を無事見送った横浜ベイブリッジは、いつもと同じように夥しい交通量をさばき、首都高速湾岸線の港湾物流を担う "日常業務" におさおさ怠りない。さて、僚友が再度邂逅し、それまでの業務報告をしあう日は来るだろうか？楽しみである。

横浜ベイブリッジ

●所在地：神奈川県横浜市
●橋梁形式：3径間連続鋼斜張橋
　橋長860m、中央径間460m、主塔の高さ（H型）175m
●供用開始：平成元年（1989年）9月27日
●道路構造：上層／首都高速道路、下層／国道357号線
●受賞：土木学会田中賞

鶴見つばさ橋

●所在地：神奈川県横浜市
●橋梁形式：3径間連続鋼斜張橋
　橋長1020m、中央径間510m、
　主塔の高さ（逆Y字型）183m
●供用開始：平成6年（1994年）12月21日
●道路構造：首都高速道路（往復6車線）
●受賞：土木学会田中賞、グッドデザイン賞

[6] 多くの訪問客で賑わう大さん橋デッキ　（画像提供＝公益社団法人神奈川県観光協会）

[1]京極発電所の上部調整池
（プール形式の上池）

EPISODE 02

巨大揚水発電所を探訪する

揚水発電は人類が発明した大規模蓄電施設である

水の位置エネルギーを利用した 大規模蓄電施設

揚水式発電（pumping-up hydraulic power generation）の原理はシンプルで、水の位置エネルギーを利用した蓄電施設だ。高低差をもつ上部と下部の2つの調整池を建設し、これらを水路で連結し、中間部の発電所で発電する。これにより、夜間電力の余裕分によって下部調整池より上部調整池に水を汲み上げ貯蔵、昼間の電力ピーク時に上部調整池から下部調整池に水を流下させて発電することで、日変動の調整と安定供給に役立っている。一体誰が最初に考えたか定かではないが、大電力消費地を賄う救世主となっていることは間違いない。

ただ、揚水発電の発電効率についても留意する必要がある。

「揚水発電は、揚水時、発電時の両損失が加算されて、総合効率65〜75％程度となり、揚水することによってエネルギーは減少するが、火力・原子力発電の深夜余力などを利用して、このエネルギーをピーク時の電力に転換することにより、調整式と同様の優れた調整能力を有し、価値の高いエネルギーが得られる（後略）。」（出典：電力広域的運営推進機関occto資料）

摩擦や空気抵抗のないジェットコースターは、ひとたび位置エネルギーが与えられれば永遠にアップダウンを繰り返すが、走行時のエネルギー損失により元の高さには戻らない、それと同様の仕組みである。

昭和期、平成期に我が国全土に多くの揚水式発電所が建設・運用されたが、ここでは横綱級の3施設について、貴重な提供画像をまじえて、揚水式発電所の仕組みを紹介したい。

北海道の大規模揚水発電所 「京極発電所」

最初に紹介する京極発電所は、北海道電力が満を持して建設した最新の純揚水式発電所（平成26年度土木学会賞技術賞、平成29年度土木学会賞環境賞）。京極町北部の台地に設置したプール形式の上部調整池、京極町を流れる尻別川水系ペーペナイ川上流部に設置した京極ダム（下部調整池）間の総落差約400mを利用して、最大出力60万kW（20万kW×3台）を発電する（20万kWで一般家庭の電力使用量に換算すると約7万世帯分をカバーできる）。

揚水式発電所の3つの写真（上部調整池[1]、地下発電所[2]、下部調整池[3]）を見ていただきたい。この3施設は巨大な導水トンネルにて連結され、3つの画像がちょうど発電の順序にもなっている。近年の大規模揚水発電は、地形上の制約から、上

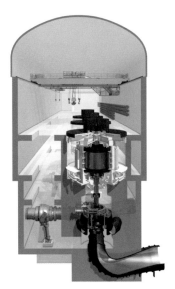

[2]京極発電所地下発電所の断面図

[3] 京極発電所の下部調整池である京極ダム（ロックフィルダム）

上部調整池

取水口

発電所管理用トンネル

地下発電所

放水路

京極ダム調整池

放水口

京極ダム

[4] 京極発電所の全体システム（[1]〜[4]の画像提供＝すべて北海道電力）

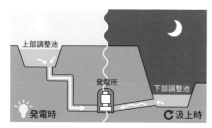

[5] 揚水発電所の仕組み：汲上時と発電時
（北海道電力HPの図をもとに作成）

部調整池を人工の溜池（プール形式）とする場合があり、中核となる発電施設を地下式とすることが多い。一方、余剰電力による揚水時はこの逆となる（下部調整池から上部調整池に汲み上げ、位置エネルギーを蓄える）[5]。

世界最大級の「神流川発電所」

神流川発電所は、長野県の信濃川水系南相木川の最上流部に上部ダムを、群馬県の上野村を流れる利根川水系神流川の最上流部に下部ダムを設置し、この間の有効落差653mを利用して、単機出力（47万kW）の発電電動機2台により、最大出力を94万kWとする純揚水式発電所だ（計画中の3～6号機を加えれば世界最大級となる）。

この群馬県と長野県にまたがる神流川発電所の主要施設（2県2水系）は、建設中の写真を見ると臨場感が増す。最も高地に位置する南相木ダム（上部調整池 ロックフィルダム）、中間地点の地下発電所[6]、そして最下部の上野ダム（下部調整池 重力式ダム）[7]にて構成される。

このうち、深度約500mに構築された地下発電所は、発電・変電施設を収めるため、高さ52m×幅33m×長さ216mの大規模空洞となっている。建設に際しては、最先端の岩盤力学（rock mechanics）が応用

され、それまでの経験知とも併せた計画・設計がなされた。とくに、空洞の断面形状が重要であるが、非常に高い地圧下において力学的な安定を図るために、従来の "きのこ形" に代わり "卵形" が採用された[8]。

プロジェクトレポート「葛野川発電所」

平成7年（1995年）の秋、土木学会誌編集委員会から、葛野川発電所建設のプロジェクトレポート執筆依頼があり、当時営業開始に向けて工事の最盛期を迎えていた現場を "上から下まで案内" していただいた。ここでは、8頁におよぶ掲載記事（プロジェクトレポート、土木学会誌1996年1月号）から抄出する（表記は当時のまま）。

「昼夜の電力需要差が拡大している電力会社にとって必需品となった揚水式発電所だが、一方で、さながら山岳土木の博覧会場ともなり、発電規模のみならず工事の多彩さも興味のあるところである。最大出力160万kWの発電量をめざす葛野川発電所は、東京電力が建設した純揚水式発電所だ。

建設地点は山梨県大月市と塩山市にまたがり、秩父多摩国立公園に近接するとともに特急で1時間余の都心とも相対している。上下部ダムは地下発電所を中心に上流側5km、下流側に3kmのほぼ直線上に位置し、分水嶺を挟んで異なる水系に調整池をもつことになる。有効落差714m、使用水量280㎥/秒の高落差・大容量のもと、完成時には最大出力160万kW（40万kW×4台）の発電量を出力し、ポンプ水車としては世界最大となる。このうち、主要工事の状況を当時の写真によって顧みたい。今では見られない貴重な工学的画像（[9]～[13]）でもある。

[6]神流川発電所：稼働間近の地下発電所。発電機が設置されている

[7]神流川発電所：下部調整池／上野ダム（重力式ダム）

[8]神流川発電所：掘削中の地下発電所（[6]〜[8]の画像提供＝東京電力リニューアブルパワー）

　多くの山岳土木の先端技術が、百花繚乱競い合うがごとく展開する葛野川水力建設所は、現在発注企業者東京電力のもと大手ゼネコン21社が参画するビッグプロジェクトである。その現場の第一印象は、"騒音と砂煙に満ちた活気ある現場"というより、"粛々と進む自信に満ちた建設現場"であった。全10工区に分割された各工区での担当者の知恵と熱意に裏打ちされたものであろうが、私のような来訪者にとっては、信頼感と力強さがみなぎる建設現場であり、2000人におよぶ工事関係者が一体となった、まさしくフォアザチームの成せる技だ。」

[9]

[10a]

[10b]

[11]

[9] 上部ダム（後の上日川ダム）の下流側から見た建設状況。高さ87m、堤体積406万㎥の中央土質遮水壁型ロックフィルダム。
[10a]、[10b] パイロットTBMとリーミングTBMの組立状況。水路には斜坑水圧管路におけるTBMを導入した。先行機（パイロット機）とリーミング機（拡口機）がある。
[11] 地下発電所本体掘削の工事状況。ジャンボ機が3台は収まるという巨大地下空洞の掘削が、地表下500mで進められていた。

[12]

[13]

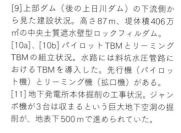

[12] 取水口躯体コンクリートの工事状況。鉄筋コンクリート製の取水口躯体もその威容を現しつつあった。
[13] 下部ダム（後の葛野川ダム）の下流側から見た建設状況。高さ105m堤体積62万㎥の重力式コンクリートダムで、RCD工法（振動ローラによるノースランプコンクリートの締固め工法）を採用している。

[9]～[13]は、吉川弘道「プロジェクトレポート世界最大級の純揚水式葛野川発電所──有効落差714mに挑む」（土木学会誌1996年1月号）より引用

一体どうやって、
計画・設計したのか？

　さて、揚水発電は大容量の水を主役とする発電蓄電システムを山地に構築するのだが、一体どうやって立地調査し、設計・施工したのか。例えば、運用開始後に編纂される工事誌を閲覧すると、以下の4項目が記載されている。

1.発電計画、2.地形・地質調査、3.気象・水文調査、4.環境影響評価

　特に、1の発電計画がスタートになるが、ここでは開発規模が重要で、単機出力、発電機台数、池容量、経済性比較などのシミュレーションが繰り返される。プロジェクトの実行可能性、採算性などを調査するフィージビリティスタディ（feasibility study）が欠かせない。"土木工学は総合技術"とも評されるが、揚水発電の計画・建設は、まさにその最たる事例であろう。国内外での豊富な実績と卓越したエンジニアリングが後押ししている。

令和に入り、
揚水発電は存在感を増している

　猛暑に見舞われる夏季、寒さの厳しい冬季、私たち市民は電力逼迫に対処するため節電に励むが、一方では、揚水発電所の出番でもある。頼もしいかな、揚水式水力発電所の各施設が一味同心One Teamとなって稼働し、電力の安定供給に貢献する。

　揚水発電は長い歴史を刻むが、その重要性は令和期に入り、様相が変わる。いわゆる太陽光や風力など再生可能エネルギー発電（renewable energy power generation）の"新顔"が送配電網に多数接続されるようになり、揚水発電の必要性が増している。

再エネの新顔たちは自然条件に左右されるため、蓄電システムの重要性が増しているというのだ。

　揚水発電所は、再生可能エネルギーの利用に寄与するため、電力平準化を遂行するため、与えられたミッションを果たしている。電力の安定供給とCO_2削減の両立を実現する揚水発電が欠かせない存在となっている。改めて、往時の電力事業者と設計・建設エンジニアの見識と情熱に感謝し、粛々と進む有効活用にエールを送りたい。

北海道電力京極発電所

- ●所在地：北海道虻田郡京極町
- ●発電方式：水力（ダム水路式、純揚水）
- ●最大出力：60万kW（20万kW×3台）
- ●使用水量：190.5㎥／秒
- ●有効落差：369m
- ●運転開始：1号機／2014年、2号機／2015年、3号機／2032年度以降

東京電力リニューアブルパワー
神流川発電所

- ●所在地：長野県南相木ダムと群馬県側の下池上野ダム
- ●発電方式：水力（ダム水路式、純揚水）
- ●最大出力：282万kW（47万kW×6台）
- ●最大使用水量：510㎥／秒
- ●有効落差：653m
- ●運転開始：1号機／2005年、2号機／2012年、3〜6号機／未定

東京電力リニューアブルパワー
葛野川発電所

- ●所在地：山梨県大月市・甲州市
- ●発電方式：水力（ダム水路式、純揚水）
- ●最大出力：160万kW（40万kW×4台）
- ●使用水量：280㎥／秒
- ●有効落差：714m
- ●運転開始：1号機／1999年、2号機／2000年、3号機／未定、4号機／2014年

ダム版アカデミー賞「日本ダムアワード」

八ッ場ダム（群馬県）：2019年ダム大賞・洪水調節賞
（画像提供＝日本ダムアワード実行委員会）

津軽ダム（青森県）：2019年低水管理賞
（画像提供＝日本ダムアワード実行委員会）

ダムファンが選ぶダムアワードとは

ダムファン有志で構成される日本ダムアワード実行委員会が主宰する「日本ダムアワード」は、4つの部門ごとに "ダムの活躍" を顕彰する。全国津々浦々のダムの活躍を単年ごとに振り返るもので、次のステップをふむ。

①実行委員会によるリサーチ、またはダム管理者（ダムの管理や建設に携わる方）の自薦によりノミネート候補を決定

②ダムファン有志からなる実行委員会がさまざまな角度からノミネートを選出

③告知した会場にてノミネートダムをプレゼンし、実行委員と来場者による投票で決定

つまり、ダムアワードは、その年もっとも印象に残る働きをしたダムを部門ごとに選出し、その功績を讃えるものだ。例年、年末に東京都内のイベント会場にて実施され、すでに10回を数えている。

ダムアワードを通じた一連の活動に対して、土木広報大賞2019にて準優秀部門賞（イベント部門）が授賞されている。土木学会が主宰する土木広報大賞は、全国各地域で展開されている広報のうち、土木の役割・意義・魅力について広報を行っている活動・作品などを顕彰するもので、イベント部門、映像・webメディア部門、など6つの部門ごとに審査される。

4つの部門賞とダム大賞

放流賞：もっとも印象に残った放流を行ったダムに授与される。試験・点検放流の実施機会を活発化させ、事業者や所在地域の活性化に資するもの。

低水管理賞：もっとも印象に残った低水管理（利水補給）を行ったダムに授与される。

洪水調節賞：もっとも印象に残った洪水調節を行ったダムに授与される。

イベント賞：ダム事業者が関与／催したイベントの中から、もっとも印象に残ったイベントが行われたダムに授与される。

松原ダム（左）、下筌ダム（右）：2020年洪水調節賞
（画像提供＝国土交通省 九州地方整備局）

坂本ダム（奈良県）：2020年放流賞
（画像提供＝日本ダムアワード実行委員会）

　選考委員の協議により「臨時部門賞」が授与されることもある（例えば「ライトアップ賞」）。
ノミネートされた全ダムの中から、もっとも印象に残ったダムに「ダム大賞」が授与される。

50を超える受賞作品から4つのダムを紹介したい

　ここで、2012年以降の受賞作品のうち4作品をピックアップし、"その年活躍したダム"
の雄姿を紹介したい。

八ッ場ダム（群馬県／国土交通省関東地方整備局）

2019年洪水調節賞。台風19号の際、試験湛水による貯留を実施した。最終的に2019年の
ダム大賞に輝いた。

津軽ダム（青森県／国土交通省東北地方整備局）

2019年低水管理賞。記録的な少雨の中で、関係機関と連携して灌漑用水等を補給した実績
運用が認められた。

松原ダム・下筌ダム（大分県／国土交通省九州地方整備局）

2020年洪水調節賞。津江川の2ダムの連携により、効果的な洪水調節を実施している。
（洪水調節賞の場合、複数のダムが受賞することもある）

坂本ダム（奈良県／電源開発）

2020年放流賞。放流賞にノミネートされた全9ダムの中から、この坂本ダムがファンのこ
ころを捉えた。

　なお、公式サイトに全受賞作品が一覧化されているので、是非とも鑑賞されたい。
　4つの部門賞のうち、「放流賞」、「低水管理（利水補給）賞」、「洪水調節賞」は、本来ダ
ムが果たすべき機能や運用に着眼していることがポイントだ。「イベント賞」は、昨今のイ
ンフラツーリズムやダムツーリズムとも呼べるもので、地域に根付く社会インフラへの理解
と愛着を助長すると解釈している。事業者、市民、ダムファンの熱意と見識によって2012
年以降着実に歩んでいることも頼もしく、土木ファンにとっては年末の楽しみが増える。

EPISODE **03**

東京湾はかくもエキサイティング

国際港湾Tokyo Bayに構築された海洋土木の逸品

[1] 東京湾アクアライン 海ほ
たる（アクアトンネルとアク
アブリッジを繋ぐ人工島）

[2] 風の塔から立ち上がるレインボーアーチ
（撮影＝著者）

風の塔から立ち上がる
レインボーアーチ

　2020年（令和2年）秋早朝、南紀白浜空港に向け、家族旅行で羽田空港を離陸した。まもなく、機内窓側席より東京湾アクアライン風の塔を見つけたが、同時に虹のアーチが飛び込んできた。すぐにスマホを取り出し、興奮しながらシャッターを切った（もちろん、機内ルール厳守にて）。やがて、件の虹は海上にある風の塔の直上から登り立つ構図になり、涙目になりながら連写した[2]。高さ100mに及ぶ巨大換気塔とレインボーアーチとの壮大なコラボであり、一生に一度であろう至福と忘我の3分間でもあった。

　全長15.1kmの東京湾アクアラインの東

[3] 千葉県にある富津火力発電所（画像提供＝（株）日本港湾コンサルタント）

京湾横断部は、川崎側9.5kmのアクアトンネル（海底トンネル）と木更津側4.4kmのアクアブリッジ（海上橋梁）、および両者をつなぐ海ほたるパーキングエリア（木更津人工島）[1]にて構成される。風の塔は、アクアトンネルのちょうど中央位置にある直径200mの川崎人工島に設置された巨大換気施設。2つある塔はよく見ると背の高さが違うが、高さ90mの大塔は給気用ダクト、高さ75mの小塔は排気用ダクト。ともに、風の塔の海底直下に設置され、大容量道路トンネルの運用の鍵を握っている。風の塔×給気・排気ダクトが、交通流の激しいアクアトンネルの換気設備として、人知れずそのミッションをこなしている。

富津火力発電所
（千葉県富津市）

　富津火力発電所は、1980年代より順次建設された国内最大級の火力発電所。上空から全容を俯瞰すると、張り巡らされた巨大発電所のネットワーキングがありありと見てとれる[3]。このうち、狭義の土木施設としては、12基のLNG地下式タンクおよび2基のLNG運搬船受入れシーバース（船着き桟橋）がある。液化天然ガスLNG（Liquefied Natural Gas）とは、気体である天然ガスを−162℃以下に冷却し液体にしたもの。液化によりその体積を気体の約1/600に減少させ、輸送・貯蔵する。ここ富津火力発電所では、外航のLNG運搬船（LNG carrier）が専用のドルフィン式シーバース（係留荷揚げ桟橋）に着桟し、LNGが荷揚げされ、運搬・貯蔵される。航空写真[3]から見える発電所は、−162℃のクリーンエネルギーを安全・確実かつ迅速にさばく頼もしい設備として、紺碧の海に映

[4] 衛星画像で俯瞰する横浜みなとみらい
©2023 Maxar Technologies

える。

衛星画像でデートコースを策定せよ
（横浜みなとみらい編）

　"衛星画像でデートコースを策定せよ！"——とある授業にて、この衛星画像[4]を使ったことがある。唐突な課題で受講学生を鼓舞したのだが、学生は"ドン引き"（若者言葉）するも、巨大なインフラ施設に対して俯瞰することの重要性を体得したと考える。

　横浜みなとみらい（MM 21とも呼ばれた）は、平成元年（1989年）開催の横浜博覧会（YES' 89）以降、ウォーターフロントの先駆けとして開発が本格化し、今日の隆盛を迎えている。現在の横浜みなとみらいは複合的なインフラ施設であり、国際都市横浜の玄関口でもある。例えば、大型客船が寄港する横浜港大さん橋は、横浜港の玄関口国際客船ターミナルとして機能し、海外・国内の来訪者を迎える。

　さらに、衛星画像[4]からは、臨港鉄道

汽車道、象の鼻パーク、赤レンガ倉庫など
を見つけることができる。そこには、明治
維新以降進み続ける国際化の発展小史を垣
間見る思いがする。

爽快！ 横浜・八景島シーパラダイス 海上ジェットコースター

　横浜・八景島シーパラダイスは、横浜市
金沢区の人工島に建設された複合型海洋レ
ジャー施設で、1993年（平成5年）開業。
なかでも人気のアトラクション「サーフコ
ースターリヴァイアサン（Surf Coaster
Leviathan）」は、海に突き出たループを
爽快に駆け抜けるユニークなコースターだ。
海上部のジェットコースター基礎部は、斜
杭4〜6本上の橋台24組が鋼製のコース
ター全体を支えている[5]。

　発車冒頭、海上で折り返すファーストド
ロップは、開放感と爽快感満載。1車両24
名乗りの走行コースターが、長さ1271m、
最高部高さ44mのコースを縦横無尽に走
り抜ける。感服！

改めて東京湾ってどこ？

　東京湾は、東側を房総半島、北側を関東
平野、西側を三浦半島に囲まれた閉鎖性内
湾。浦賀水道で太平洋に通じる。西部は神
奈川県と東京都、東部は千葉県が面し、我
が国最大の京浜工業地帯が広がる。

　湾内には、4本の滑走路を有する東京国
際空港（羽田空港）、および国際戦略港湾
（東京港、横浜港、川崎港）、国際拠点港
湾（千葉港）、重要港湾（木更津港、横須賀
港）が稼働する世界屈指の港湾空港施設を
擁する[6]。

東京湾海底を横断する 東西連係ガス導管（東京電力㈱）

　東京湾には空から見えない海底トンネル、
東西連係ガス導管がある。これは、東京湾
の東西に位置する巨大LNG基地（京葉側
の富津LNG基地と京浜側東扇島LNG基
地）を連係する海底導管。所轄の各火力発
電所へLNGを供給するため、東京湾横断

[5] 横浜・八景島シーパラダイス（画像提供＝(株)日本港湾コンサルタント）

[6] 東京湾の概要
（関東地方整備局東京湾口航路
事務所HPを参考に作図）

[7] 東京湾海底を横断する東西連係ガス導管
（画像提供＝株式会社JERA）

部（延長18km）を含む全長20kmのガス導管として建設・運用されている [7]。

　導管を敷設するトンネルを構築するためシールドマシンが投入された。内径2.8mのトンネル工事では、9kmを1台のマシンで掘進し、海面下60mの高水圧下で機械式地中接合に成功したことも特筆される。

　頼もしいかな、日常および非常時に際してのエネルギー供給の安定化に人知れず貢献しているのだ。

レインボーブリッジと品川台場
新旧インフラのスリーショット

　1993年（平成5年）東京臨海部に竣工したレインボーブリッジ（東京港連絡橋）は、「首都高速11号台場線」、「臨港道路」、「臨海新交通システム（ゆりかもめ）」からなる複合交通施設だ。湾岸に出現した吊橋（suspension bridge）は当時大きな話題となり、映画やテレビにも登場した。

　かたや品川台場は、幕末安政元年（1854年）に築造された海上砲台の跡地（前年のペリー来航の直後、幕府の命により普請された）。中世ヨーロッパにて発展した稜堡式砲台とも伝えられ、今流に言えば盛土護岸式人工島（ただし、軍事施設）。

　航空写真 [8] を見てみよう。品川台場の2基（第三台場と第六台場）が仲良く、レ

[8] レインボーブリッジに寄り添う第三台場（手前）と第六台場（左中央）（画像提供＝東京都港湾局）

[9a] 葛飾北斎画「日本湊尽 相州浦賀」
（所蔵＝The British Museum）

[9b] 歌川広重画「山海見立相撲 相模浦賀」
（所蔵＝横須賀市自然・人文博物館）

インボーブリッジに寄り添っているようにも見える。20世紀末に誕生した全長798mの吊橋と幕末に築造された外国船を打ち払うための砲台跡が織りなす、歳の差140歳のスリーショットである。

北斎と広重が描いた浦賀の和式灯台

　浮世絵には、近代土木施設のルーツになるような風景が描かれていることが少なくない。三浦半島東端の燈明崎に設置された和式灯台燈明堂は、東京湾（当時は江戸湾）の地形的にくびれた海運の要衝地。この浦賀の海をテーマに、葛飾北斎や歌川広重など天才絵師が見事な浮世絵を描いている。

　[9a]は「日本湊尽 相州浦賀」（葛飾北斎作）、[9b]は「山海見立相撲 相模浦賀」（歌川広重作）。ともに当時の浦賀の情景がにじみ出るような風情がある。航路標識として、湾口航路の安全航行をサポートする灯台のミッションは江戸時代にさかのぼり、東京遷都の後もその重要性は継承された。

東京国際クルーズターミナル
世界の旅客船を迎える首都の新玄関口

　さて、最後は、臨海副都心の新顔「東京国際クルーズターミナル」[10]。客船の大型化に伴って、世界のクルーズ市場が飛躍的な成長を遂げている。そこで、レインボーブリッジの外洋側に、これまでに類例のない大規模でユニークな国際客船ターミナルが計画され、令和2年（2020年）9月に開業した。

　これは、ジャケット工法により構築された人工地盤面上に、土木・建築一体構造でターミナルを建設するという、斬新な手法で完成に至った。本体の建築構造としては、様々な客船に対応するため自由度の高い大空間を持ち、そこでは祝祭的なイベントの開催も想定しているという。外観は、波や船の帆をイメージした大屋根が特徴で、反りを描く深い軒、四周をバルコニーで囲う外観は日本建築を思わせる。

東京湾はかくもエキサイティング

　本EPISODEでは、それぞれ異なる分野で話題となる諸施設を、"湾内繋がり"で9つ紹介した。本来ならば、現存する海堡（海上要塞）、東京湾アクアライン、拡張工事を継続する羽田空港、あとは……そうそう、東京ディズニーランドやディズニーシーも取り上げるべきだろう。川崎工場夜景、猿島の要塞、葛西臨海公園やいなげの浜な

どの海浜公園、潮干狩りスポットなどもエキサイティングな施設だ。

さらに、2021年開催東京オリンピック・パラリンピックに先立ち、いくつかの競技施設は沿岸部に新設されている。残念ながら紙幅の都合で割愛したが（というかキリがない）、これら全施設は、"海外からの来訪者も含めた市民のための公共財"ということで通底する。

一方では、関東大震災（1923年9月）からちょうど100年が経過し、首都圏は静穏期から活動期に移行すると言われている。平成期より、中央防災会議を中心に首都圏の被害想定・対策のため18タイプの震源が設定されたが、都心南部直下地震（M7.3）や東京湾北部地震（M7.3）が懸念される。このため、防災対策の整備とBCP（事業継続計画）の策定が鋭意進められていることを強調したい。陸海空の社会インフラ施設が罹災時にも機能することが重要であり、文字通りdisaster resilient cities（災害に強い都市）の構築が肝となる。

さて、東京湾岸地域は江戸時代より我が国の文化経済を牽引してきた地域であり、本EPISODEを通じてそのダイバーシティと新たなるポテンシャルを実感していただけたと思う。大切なことは、個人、家族、団体、企業のすべてが、この資産を活用し恩恵を受け、そして維持管理・環境管理に奮励することではないだろうか。老若男女すべての世代がわくわくドキドキして、その魅力や役割を現役世代から子々孫々に継承することが欠かせない。

東京湾はかくもエキサイティング！

[10]新設された東京国際クルーズターミナル
（撮影＝黒住直臣、画像提供＝東京都港湾局、設計・監理＝安井建築設計事務所）

EPISODE 04

ノーベル賞を育むスーパーカミオカンデ

先進の空洞掘削技術が可能にした地下実験施設

[1]高感度光電子増倍
管の設置が完了し、純
水が満たされる

ニュートリノ天文学を結実させた巨大水槽

岐阜県神岡町（現・飛騨市）に建造された東京大学宇宙線研究所地下実験施設は、1970年代後期に提唱された小柴昌俊教授（東京大学）の実験構想から始まる。ニュートリノ観測装置は、地下に構築し大空洞の壁面に高感度センサーを設置し純水を注入する。素粒子ニュートリノと水の衝突によって発生するチェレンコフ光を検出する"ニュートリノ天文学"を確立し世界をリードする。

これまで稼働した巨大水槽の容量は、カミオカンデ（3000トン）とスーパーカミオカンデ（5万トン）であり、現在、次世代施設ハイパーカミオカンデでは、さらなる大容量の地下水槽（26万トン）が計画されている。

カミオカンデからスーパーカミオカンデへ

東京大学宇宙線研究所神岡地下観測所（現・神岡宇宙素粒子研究施設）は、カミオカンデ実験を推進するため昭和58年（1983

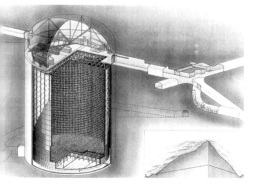

[2] スーパーカミオカンデの全体構造図

年）に設立された。岐阜県神岡町の神岡鉱山の地下1000mに、直径16m高さ16mの円筒形の水槽に体積3000トンの純水を満たした検出器が設置された。"カミオカンデ"は、「神岡核子崩壊実験（KAMIOKA Nucleon Decay Experiment）」の頭文字から名付けられた。一連の研究業績は、その後小柴昌俊教授の2002年ノーベル物理学賞受賞につながった。

次に建設されたスーパーカミオカンデは、さらに大規模な地下実験施設となる。巨大な地下空間を5万トンの純水で満たし、宇宙から降り注ぐ素粒子ニュートリノの検出実験を実施するもので、平成8年（1996年）より観測が開始された[1]。空洞内部の壁面には、検出実験の心臓部となる高感度光電子増倍管が整然と約1万1000個設置され、尋常ならざる内空間を創出している[4]。ニュートリノ振動の発見など一連の研究成果は梶田隆章教授の2015年ノーベル物理学賞受賞に帰結し、日本中が沸きあがったことは記憶に新しい。

先進の空洞掘削技術が生きる

この巨大な地下実験施設の建設には、連綿と続く我が国の採鉱技術や地下掘削技術（岩盤空洞掘削技術 rock engineering）が大きく寄与している。この壮大な技術は、スーパーカミオカンデの内空間[1]および全体構造図[2]が如実に物語る。岩盤空洞は、直径39.3m、高さ41.4mの円筒形および上部に接続する高さ12mの半回転楕円体ドームによって形成される。これは、地下空間の力学的安定および建設費の観点から考案・設計された軸対称構造である。

施工手順としては、岩盤調査、掘削工事（天井ドーム部と水槽部）、支保工事、岩盤

[3]岩盤内に建設中の地下空間（円筒形＋半回転楕円体ドーム）

[4] 水槽内壁の超高感度光電子増倍管の設置作業

計測工事、止水工事などに分かれる。また、工法的には、スムースブラスティング（制御発破工法）、NATM工法（吹付コンクリート）、先進グラウト工法、長尺ロックボルトなどが重要な要素技術である[3]。加えて、岩盤挙動計測（内空変位、ボルト軸力etc.）および3次元弾塑性FEM解析が試みられている。この辺りの空洞掘削技術（土木工学の一分野）についてはかなり専門的になり、興味ある方は参考文献に記した技術レポート「スーパーカミオカンデの空洞掘削について」を参照されたい。

次世代施設ハイパーカミオカンデが始まる

神岡宇宙素粒子研究施設が主導するニュートリノ天文学は、新たに国際協力科学事業ハイパーカミオカンデの計画（Hyper-Kamiokande Detector）として受け継がれ、令和9年（2027年）の実験開始を目指している。新たなステージを迎える地下実験装置は、さらなる大容量の地下水槽（容量26万トンとも伝えられている）となる。ここで、神岡宇宙素粒子研究施設の公式

	カミオカンデ	スーパーカミオカンデ	ハイパーカミオカンデ
水槽の水の量	3000トン	5万トン	26万トン
成果・目標	「超新星爆発」で発生したニュートリノを検出	ニュートリノが質量を持つことを示す「ニュートリノ振動」の発見	ニュートリノの性質の解明や、未確認の現象「陽子崩壊」の観測
ノーベル物理学賞	小柴昌俊氏（2002年）	梶田隆章氏（2015年）	?

[5] カミオカンデ、スーパーカミオカンデ、ハイパーカミオカンデの比較表

[6] ハイパーカミオカンデの全体構造（直径68m、高さ71m）

webサイト情報を参考に、地下実験装置の3施設（カミオカンデ、スーパーカミオカンデ、ハイパーカミオカンデ）の比較表を [5] に示した。

ハイパーカミオカンデ実験装置 [6] では、実験感度を向上させるため、検出器は直径68m、高さ71mの円筒形のタンクで、その体積は26万トン、有効体積は19万トンとなる（これは、スーパーカミオカンデの約10倍）。高感度化／低ノイズ／高耐圧化された新型の超高感度光電子増倍管約4万本が、空洞壁面に取り付けられる。

世界最大規模の地下実験水槽の建設には、先進の大空洞構築技術が再登場することになる。まず2021年には、調査坑道の工事

[7] および空洞予定地 [8] のコア採取が進められた。採取された岩盤コアの分析がなされたが、堅硬均質で割れ目（クラック）も少なく、大空洞掘削に適していることが報告されている。

次世代エンジニアへのメッセージ

このEPISODEを読んでいる若手エンジニアと学生諸君に伝えたい。2027年に観測開始する国際プロジェクトに参画することも、あながち夢物語ではない。我が国の誇るノーベル物理学賞の栄光の方程式を担う建設エンジニアが求められている。

今回の取材を通じて、神岡宇宙素粒子研究施設からメッセージを預かっている。

「宇宙の成り立ちを解明する素粒子ニュートリノの研究では、地下深くに最先端の巨大な実験装置を建設する必要があり、土木分野の専門家との協働が不可欠です。「目的実現のために必要な技術や手法がまだないなら自分たちで創り出そう」という私たち素粒子実験屋と同じスピリットを持った方々と、今後も一緒に新たな世界を切り拓いていきたいと願っています。」

（画像提供＝すべて東京大学宇宙線研究所 神岡宇宙素粒子研究施設）

[7] 空洞予定地の地盤調査（ハイパーカミオカンデ）

[8] ボーリングコアによる地質調査（ハイパーカミオカンデ）

EPISODE 05

長大吊橋のダイナミズムと
メカニズムをさぐる

―

本四架橋の長大橋梁はさながら実大橋梁展示館

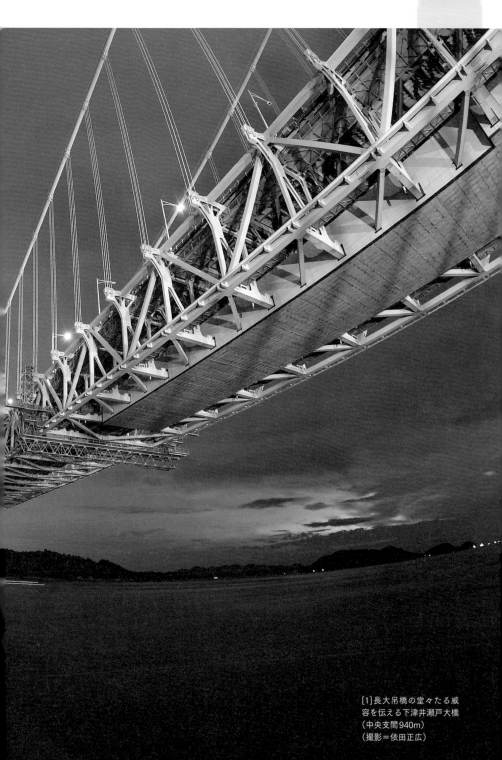

［1］長大吊橋の堂々たる威
容を伝える下津井瀬戸大橋
（中央支間940m）
（撮影＝依田正広）

海上吊橋のダイナミズムを伝える 「下津井瀬戸大橋」

瀬戸中央自動車道を本州岡山県側から車を走らせると、やがて下津井瀬戸大橋[1]が出迎えてくれる。吊橋全容を伝える公開写真とは異なり、橋梁写真家・依田正広氏が捉えた写真はローアングルから、海上吊橋の堂々たる威容を伝える。加えて、精巧に設計された鋼製補剛桁（吊橋の走行部分に剛性を持たせる桁）は剛毅朴訥そのもの。得も言われぬダイナミズムを発露する。

昭和63年（1988年）に全線開通した瀬戸大橋（本州四国連絡橋の児島・坂出ルート）は、岡山県倉敷市と四国の香川県坂出市を結ぶ橋の総称である。上部の自動車道路と下部の鉄道の2段構造からなる世界最大級の道路鉄道併用橋で、6つの橋梁をあわせた海峡部9.4kmに架かる。

この瀬戸大橋は我が国有数の長大橋が連なり、さながら橋梁工学の実大展示館でもある。昭和60年代に相次いで竣工した長大橋6橋、すなわち下津井瀬戸大橋（吊橋）、櫃石島橋（斜張橋）、岩黒島橋（斜張橋）、与島橋（トラス橋）、北備讃瀬戸大橋（吊橋）、南備讃瀬戸大橋（吊橋）は、当時の最先端技術が投入され、我が国の長大橋梁工学の礎となっている。

当時より長大吊橋のランキングが話題になっているが、通例、中央支間（center span）の長さにて競われる。中央支間940mの下津井瀬戸大橋は、現在では国内第6位であるが、我が国の長大吊橋ブームの先駆けであり、その技術は継承され、10年後、当時世界最大の中央支間1991mを誇る明石海峡大橋の開通を迎える。（2022年3月、中央支間2023mの「チャナッカレ1915橋」（トルコ）が開通し、世界一の座を譲った。）屹立する瀬戸大橋の長大橋群を刻印した開通記念500円硬貨[2]が昭和63年（1988年）に発行され、その竣工が国家的慶事として歓迎されたことを物語っている。

改めて、瀬戸大橋として連なる 長大橋のラインアップ

では、本州四国連絡橋3ルートのうち、児島・坂出ルートおよび神戸・鳴門ルートのルート線図[3]を見てみよう。岡山県か

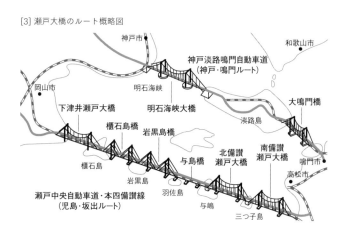

[3] 瀬戸大橋のルート概略図

[2]瀬戸大橋開通記念500円硬貨（昭和63年発行）

[4] 香川県側より南北
備讃瀬戸大橋と双子の
斜張橋を望む
（画像提供＝川崎重工）

[5] 瀬戸大橋6橋の概要

下津井瀬戸大橋	**構造**：張出径間付単径間補剛トラス吊橋 **解説**：最も本州側の橋で、この橋のほぼ中央が香川県と岡山県の県境となる。本州側（鷲羽山側）のケーブル定着部は、瀬戸内海国立公園の景観を損なわないようにトンネルアンカレイジ（隣接する山の中にアンカレイジを埋め込む）が採用されている。 **データ**：全長1447m、中央支間長940m、主塔高さ149m
櫃石島橋 岩黒島橋	**構造**：3径間連続鋼トラス斜張橋 **解説**：櫃石島、岩黒島、羽佐島を結ぶ双子の斜張橋は、島名から命名している。並立する両橋はその形式・大きさとも同一。気品にあふれた優美な景観は、美しい瀬戸内海の眺望に溶け込み、2羽の白鳥が羽をひろげたような姿は、ひときわ目を引く。 **データ**：（両橋共通）全長790m、中央支間長420m、主塔高さ152m・162m。H型の主塔から左右対称に張られたケーブルの数は1基あたり88本
与島橋	**構造**：2径間連続トラス橋＋3径間連続トラス橋 **解説**：羽佐島と与島を結ぶ連続トラス橋は、海上6橋のうちで唯一のトラス橋。トラス橋とは、主桁にトラス（線材にて三角形を組み合わせた構造材）を用いた橋。トラス橋としては大規模桁梁だが、力学的にもバランスのとれたシンプルな構造美を見せる。 **データ**：全長850m、最大支間長245m
北備讃瀬戸大橋 南備讃瀬戸大橋	**構造**：3径間連続補剛トラス吊橋 **解説**：与島と坂出市番ノ州の間3.2kmを南北備讃瀬戸大橋の2つの吊橋が結ぶ。この海域は瀬戸内海の主要航路として、大型船の往来が最も激しいところであるため、橋台や橋脚はできるかぎり三つ子島の付近に集めているという。規模として南備讃瀬戸大橋の方が若干大きく、中央支間長1100mは瀬戸大橋ルートの中で最大。南北2つのケーブルを1カ所で固定させる共用アンカレイジなど当時の最先端技術が駆使されている。[4]には雄大な南北備讃瀬戸大橋が望まれ、写真手前には番ノ州高架橋（長大トラス橋）の一部が見え、四国側の香川県坂出市に上陸する姿が見える。 **データ**：〈北備讃瀬戸大橋〉全長1538m、中央支間長990m、主塔高さ184m 　　　　　〈南備讃瀬戸大橋〉全長1648m、中央支間長1100m、主塔高さ194m

[6] 明石海峡大橋の建設：主塔の設置（画像提供＝川崎重工）

ら香川県に向かって、児島・坂出ルートを
アイランドホッピングする長大橋6橋 [4]
の構造諸元を示したい [5]。

明石海峡大橋を分解して考える

　吊橋とは、ロープやケーブルなど高強度

で曲がりやすい部材により、通行路（橋桁
と床版）を吊り下げる橋梁形式の総称。吊
橋の構造的なメカニズムを知るには、主要
部材を観察・理解することから始める。今
度は、世界最大級の吊橋・明石海峡大橋（神
戸・鳴門ルート）を事例にとり、そのメカ

[7]明石海峡大橋のアンカレイジとなる橋台

[9]明石海峡大橋：完成吊橋（背景）と主ケーブルの展示用断面模型（実物大）

[8]明石海峡大橋の建設：補剛桁の閉合、遠方に淡路島が見える（画像提供＝ヒョーゴアーカイブス）

ニズムを探りたい。

　明石海峡を横断する明石海峡大橋は、兵庫県神戸市垂水区東舞子町と淡路市岩屋とを結ぶ巨大海上吊橋だ。近代の大型吊橋は、2本の主塔、2基の橋台、主ケーブル＋ハンガーケーブル、補剛桁（橋桁）にて構成

される。建設に際しては、海底の岩盤上への巨大鋼製ケーソン（高さ65m、直径80mの大型円筒基礎）の沈設が先行し、その直上に主塔が設置される[6]。並行して橋梁両端にアンカレイジとなる橋台[7]を設ける。

[10] 補剛桁の内部を歩く見学者一行。徒歩にて、主塔エレベーターに向かう（画像提供＝本州四国連絡高速道路株式会社）

次に、その間（橋台―主塔―主塔―橋台）に主ケーブルを張り渡し、主ケーブルから多数本のハンガーケーブルを吊り下げる。このハンガーケーブルが通行路となる橋桁（補剛桁とも呼ばれる）を吊り下げ、全体の吊橋システムが完成する。この辺りは、建設写真[8]（吊り下げられた補剛桁の閉合作業）と写真[9]（完成吊橋と展示用の主ケーブルの断面模型）にて、おおよそ理解できるであろう。

一方、施工手順とは逆順で理解することも一案だ。補剛桁は車両と列車の交通荷重とそれ自身の重さ（自重）を支え、これはハンガーケーブルを介して主ケーブルに伝達される。主ケーブル端部は両側の橋台に定着され、その膨大な引張力を受け止めるのは、アンカレイジの自重と底面との摩擦力だ（言わば、競技綱引きの両アンカーマン）。そして、高くそびえ立つ巨大主塔（高さ283m、重量2万3000トン）が主ケーブルの吊り機能を支える。

ブリッジワールド体験記
世界最大級の吊橋に登ろう

多くの橋梁形式の中で、吊橋は最も長い中央支間をとることができ、明石海峡大橋は、開通当時世界最長の中央支間1991mを誇った。また、橋長としては、両サイドの側径間960mを含め、側径間960m＋中央支間1991m＋側径間960m＝橋長3911mとなる。当初の設計は、全長3910m、中央支間1990mだったが、平成7年（1995年）1月17日の阪神・淡路大震災で海底地盤がずれ、両主塔の位置が相対的に1m延びた。

さて、10年ほど前にブリッジワールドなる体験ツアーに参加する機会があった。当時の体験を記したい。

まずは橋台の前に全員集合し、海面上50mの補剛桁の内部に入る[10]。この時点でビル10階分の階段を昇っている。

補剛桁内の中央管理用通路を1000mほど歩くと、神戸側主塔に到着する。内部エレベーターで約2分かけて最上階に行きつき、お目当ての塔頂に出る。しばし360度の絶景パノラマを堪能して、ツアー参加者全員で記念撮影する段取りになっていた。

誰もが人生初の海面上約300mのオープンエアーを体験することができるが、すでに"怖い"を通り越して何か高揚感に包まれる。改めて、先哲が成し遂げた長大橋梁建設の技術にリスペクトの念を抱く。ぜひ高さ297mの主塔に登頂して、巨大吊橋のメカニズムを感じとってもらいたい。

橋たちは黙して語らず、
姿形をして語らしむ

瀬戸大橋に戻り、再度[1]の画像に目を凝らすと、下津井瀬戸大橋の遥か四国側遠

方には、双子の斜張橋（櫃石島橋と岩黒島橋）の主塔4基をも捉えられていることが分かる。記念500円硬貨のデザイン［2］には主塔がことさらに巍然屹立する。吊り型式の橋梁（斜張橋や吊橋）の合計10本の主塔たちが逞しくもあり、遠くから視認できるモニュメント性にも魅了される。

競うが如く連なる長大橋梁はおびただしい交通荷重にじっと耐え、四季の風雪寒暖を忍び、しかし凛として立ち輝いている。開通以来35年が経過し、本州と四国を繋げる重要な海上交通施設として定着しているが、同時に、地域住民にとっては"見慣れた風景"となり、海山陸に溶け込んだ原風景となっているのではないだろうか。

往時のエンジニアリング（調査、計画、設計、施工）が我が国の長大橋梁工学の礎

を築いたことは間違いなく、なによりも100年のスパンで愛される社会インフラであることを願う。それぞれの橋たちは黙して語らず、姿形をして語らしむ。

瀬戸大橋（児島・坂出ルート）

- ●**所在地**：岡山県倉敷市−香川県坂出市
- ●**上部**：瀬戸中央自動車道
- ●**下部**：本四備讃線（瀬戸大橋線）
- ●**着工／供用**：1978年／1988年
- ●本州四国連絡橋3ルートのトップを切って開通

明石海峡大橋（神戸・鳴門ルート）

- ●**所在地**：兵庫県神戸市−兵庫県淡路市
- ●**上部**：神戸淡路鳴門自動車道
- ●**着工／供用**：1988年／1998年

----

[11] 明石海峡大橋開通前記念セレモニー、8万人が参加した「ブリッジウオーク」の人波
（画像提供＝ヒョーゴアーカイブス）

EPISODE **06**

上空から俯瞰する羽田空港D滑走路

—

日本のメガエアポートを巡る

[1] 上空から見た羽田
空港の全容

衛星画像で俯瞰する桟橋部と
埋立部のハイブリッド構造

　まずは羽田空港[1]の全容を、そして[2]のマス目と[3]の人工島を見ていただきたい。これは一体何か、答えは後ほど。

　海上に建設される巨大空港には、土木工学における海洋土木技術と先端技術が結集されているが、直上から大きく俯瞰するとその威容を存分に感じられる。ここでは、高分解能衛星（IKONOS/GeoEye-1）によって撮影された東京国際空港（Tokyo International Airport、通称：羽田空港）を紹介したい。

　[4]は、羽田空港の全容を撮影（2009年）したもので、当時稼働中のA、B、C滑走路および建設中のD滑走路を確認されたい（このため、[5]に4滑走路の配置図を示したので、併せて参考にされたい）。

　このD滑走路は、桟橋部と埋立部から構成されるハイブリッド構造が採用され、計画時より大きな注目を集めた。これまでの海上空港は埋立方式が主流であったが、D滑走路の場合、多摩川の流下を妨げないように桟橋構造が併用された。折しも工事最盛期であったため、連絡橋も含めてそのハイブリッド構造の特徴をはっきりと識別することができる。

　D滑走路の建設に先立ち、当初は、3つの建設工法（1.桟橋工法、2.埋立・桟橋組合せ工法、3.浮体工法）が仔細に検討されたが、最終的に埋立・桟橋組合せ工法が採用され、設計・施工一括発注方式により発注されたことを付記したい。

　さて、本文冒頭の問いの答えは、[2]のマス目は施工中の桟橋部であり、[3]の島は、やはり施工中の埋立部だ。これら両形式にてD滑走路のハイブリッド構造が形成されている。上空681kmの太陽同期準極軌道から撮影された高分解能衛星画像から、整然と同時進行する海上工事の活気が伝わってくる。作業船や重機がいまにも動き出すのではないかと錯覚するほど、そのダイナミズムを感じさせる衛星画像である。

[2] 施工中のD滑走路桟橋部
©2023 Maxar Technologies

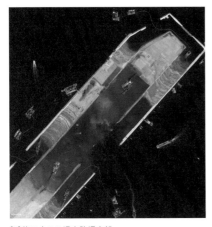

[3] 施工中のD滑走路埋立部
©2023 Maxar Technologies

[4]衛星画像により俯瞰する東京国際空港（羽田空港）
（撮影2009年4月7日、©2023 Maxar Technologies）

空港土木施設に興味津々

　巨大国際空港では、華やかな旅客ターミ
ナルは通例、建築家（architect）が設計
するが、航空機の運航を支える各種の空
港土木施設については、土木技術者(civil
engineer)の出番となる。

　空港土木施設の心臓部である滑走路につ
いては、その長さと方向が重要である。長さ
については、大型ジェット旅客機で2500m、
長距離国際線では3000m程度を必要とす

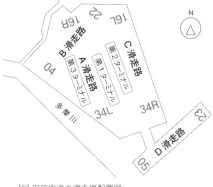

[5] 羽田空港の滑走路配置図

[6] ピックアップした4空港の概要

新千歳空港 CTS
（1998年開港）

国内／国際航空ネットワークを担う北の拠点空港。
A滑走路：3000m × 60m 01L/19R
B滑走路：3000m × 60m 01R/19L
（画像提供＝北海道エアポート株式会社）

成田国際空港 NRT
（1978年開港）

首都圏東部に位置する国内最大の国際空港。LCC
専用の第3ターミナルが供用を開始した。
A滑走路：4000m × 60m 16R/34L
B滑走路：2500m × 60m 16L/34R
（画像提供＝国際航業株式会社）

中部国際空港 NGO
（2005年開港）

伊勢湾内に建設された海上空港。愛称はセントレア
（Centrair）。
滑走路：3500m × 60m 18/36
（画像提供＝中部国際空港株式会社）

関西国際空港 KIX
（1994年開港）

大阪湾泉州沖に建設された海上空港。24時間運用
可能な西のゲートウェイ。
A滑走路：3500m × 60m 06R/24L
B滑走路：4000m × 60m 06L/24R
（画像提供＝関西エアポート）

る。日本で最も長い滑走路は、成田国際空港A滑走路と関西国際空港B滑走路の4000ｍ。また、滑走路の方向は、気象条件や地理条件の制約を受けて設計される。近代の国際空港では複数本の滑走路を運用し、より効率的な安全運航に努めている。

また、空港施設として、誘導路、エプロン（駐機場）、滑走路、旅客ターミナルビル、貨物ビル、管制塔、格納庫などがあり、大型空港は面的な広がりを持つ複合エンジニアリング施設だ。企画設計に際しては、周辺の陸海空からの制約が大きく、風向きなど気象条件によって運用が左右されることなど、空港ならではの特徴に配慮することが欠かせない。

巨大複合施設のうち、滑走路、過走帯、誘導路、エプロン、標識施設などを対象とした"空港土木施設設計要領"が、国土交通省航空局により制定されていて、設計・施工・管理の指針となっている。

日本の国際空港メガエアポートを巡る

次に、我が国の国際空港を航空写真によってその構造やレイアウトを俯瞰してみたい。前頁に4空港の概要を列挙したが、レイアウトを見ると、それぞれの個性が滲みでている。空港名称には英字による空港コード（IATA 3-Letter codes）を併記している（空港コードの身近な例として、預け入れ荷物のバゲージクレームタグに大きく印字されている）。

加えて、空港施設の心臓部である滑走路の基本仕様（長さ×幅、指示指標）を記している。指示指標とは滑走路の方位を表すもので、滑走路両端に2桁の数字で大きく表示されている。例えば、中部国際空港では18/36であるが、真北から時計回りに

180度と360度を表す。写真では分かりにくいが、離着陸するパイロットにははっきりと視認できる。また、成田国際空港のように2本の平行滑走路が運用される場合、A滑走路16R/34L、B滑走路16L/34Rのように表示される。R＝右側、L＝左側を表し、また両数字の差は必ず18となる。

その国の顔ともなる国際空港は、今世紀初頭より世界各国で新設需要と増設需要がともに増大している。そこでは先進のハイテク技術やアーキテクチャーに加えて、環境やセキュリティに配慮した近未来型空港施設のデザインが模索されている。"future airport design"と検索すると、奇想天外・斬新卓抜な空港デザインに遭遇することができるので、一度試してみてほしい。

D滑走路の後日譚

我が国の最先端の海洋土木技術が結集されたD滑走路（羽田空港再拡張事業）は、平成22年（2010年）10月に供用開始し、その後の発着回数の増大に大きく寄与している。4本の滑走路と3つの旅客ターミナルを具備する羽田空港は、JFK空港（米国、ニューヨーク）、シャルルドゴール空港（フランス、パリ）などに比肩する世界有数の国際空港として装いを一新し、令和3年（2021年）に東京オリンピック・パラリンピックを迎えた。

戦後、昭和27年（1952年）にアメリカ軍から移管された東京空港（当時の名称）は、沖合展開事業、拡張事業、再拡張事業などが継続され、利便性が格段に向上している。

さて、供用開始から数年経過した頃、家族旅行の帰路に思わぬシチュエーションに遭遇した。A滑走路にて着陸する際、搭乗

機右側席からたまたまD滑走路を見つけ、あわててシャッターを切った。そして、滑走路端部のジャケット構造（桟橋部）がはっきりと見え、滑走路面が海面から浮き上がっているのが目視できたのだ[7]。

"これがあの桟橋構造なのだ！"と、ひとり勝手に感激、そして涙した。妖艶ともいえるステンレス脚（耐海水性ステンレス鋼のライニング〈表面処理〉が施されている）も見えたが、海上施設であるD滑走路を100年維持する秘策が施されていると聞く。

［追記］羽田空港を利用の際は、4本の滑走路のうちどれを使い、どの方向から離陸（または着陸）するのか、予め調べることも一興。例えば、D滑走路桟橋部目撃事件では、（先述の[5]を使って説明すると）搭乗機はA滑走路の34Lに進入中、右側にD滑走路の05（桟橋側）を目視した次第。

空港という社会インフラ施設をパイロット目線にて理解すると、親しみと愛着が倍加すること間違いなし。

東京国際空港（羽田空港）D滑走路

● **所在地**：東京都大田区羽田空港
（「羽田空港」が町名になっている）
● **構造**：長さ2500m、幅60m
● **ハイブリッド構造**：埋立部（2/3）、桟橋部（1/3）、連絡誘導路部で構成される
● **供用開始**：平成22年（2010年）10月21日

----

[7] 搭乗機がA滑走路への進入中、D滑走路を撮影。桟橋部が確認できる（撮影＝著者）

よく似ている橋梁基礎と歯科インプラント

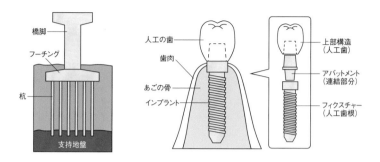

橋脚とインプラントを比べてみた

土木構造物の姿形やメカニズムが、関連のない他分野のものに酷似することは意外に多い。イラストを見てもらいたい。左は単柱式橋脚（橋梁の基礎形式）であり、右は歯科インプラント（骨に直接人工歯根を埋め込んで、歯を再生するもの）。橋脚は土木構造物の代表選手で、歯科インプラントは人工歯根による歯の再生として世界各国で定着している。

手順としては、橋脚の場合、杭を地中に設置してからフーチング、橋脚本体、上部工となる。一方、歯科インプラントでは、ドリルで硬い骨に穴を開けて、人工歯根（フィクスチャー）を埋め込み、そこに土台を設置し、最後に噛み合わせる歯（人工歯）を装着する。

加えて、作用する荷重としては、橋脚には上部工（橋桁と橋面工）重量や交通荷重による鉛直荷重、および稀に地震荷重により想定内／想定外の荷重が作用する。かたや、口内の歯では噛みしめる力であり、ごく稀に転倒などで歯を折ること（破折）がある。ともに3次元的に作用することが共通する。歯科インプラントでは、堅牢な骨と歯茎を必要とし、橋脚の場合の周辺地盤または杭先端の支持地盤とも共通する。

長寿命化と8020運動

両者を比べると、驚くほど似ていることに気が付くが、一方では、力学的に必然であるとも解釈できる。もう一つの橋脚基礎である橋台（橋の両端で上部工を支える構造体）をアバットメントと呼ぶが、歯科インプラントのアバットメント（連結部分）とメカニズムは同様であろう。

ただし、大きく相違するのは、橋梁は巨大な建造物であるのに対して、歯科は生身の人間を対象とし、あの狭隘空間での施工（ではなく、歯科施術）には驚くほかはない。ともに、経験豊富なエンジニアまたは歯科医が主役であることも強調したい。

最後に、メンテナンス（日頃の手入れ）を怠ると著しい劣化／損傷を招くことは、重要な共通点だ。土木施設では「長寿命化」、口腔ケアでは「8020運動」が喫緊の課題であり、旗印でもある。

「アプトの道・碓氷第三橋梁」
（群馬県安中市）
鉄道遺構アプトの道のハイライトである碓氷第3橋梁には、土木のレガシーが滲みでる。かつてこの急勾配を疾走したSL機関車を懐かしむ鉄道ファンは多い

第2章

土木の
レガシーを綴る

EPISODE

07-12

明治、大正、昭和に竣工し、現代もなお息づく土木施設を追う。
現役を貫くもの、建替えにより生まれ変わるもの、観光施設として
転生するものなど、それぞれに社会インフラとしての功績を築く。
編みこまれたレガシーからは、先哲のスピリットが感じられる。

EPISODE **07**

錦帯橋と日本橋のクロニクル

江戸時代から受け継がれる2つの橋

[1] 岩国三代領主・吉川広
嘉が創建した錦帯橋（山口
県岩国市）

明治31年2月に行われた錦帯橋通行式の様子
（画像提供＝岩国徴古館）

江戸時代より継承される築橋技術

岩国市錦川に架橋された優美な5連木造アーチ橋・錦帯橋[1]は、創建時からの技術の伝承により、現在まで脈々と伝えられている。「流されない橋をつくれ！」、岩国三代領主・吉川広嘉の命により、江戸時代初期に創建された。

現存する創建当時の構造図面を見ると、その精緻な架橋技術をうかがい知ることができる。さらに、修復記録が残された古文書によれば、技術伝承のため定期的に改修と架橋がなされてきたとのこと。優美にして堅牢な木造アーチのフォルムは現在まで伝承され、名勝地として訪問客が引きも切らない。

精密かつ独自の大工技術と木組み技術によって築造された錦帯橋は、下から見上げてほしい。径間約35mのアーチ橋（反橋とも呼ばれる）の下面に組まれた桁の迫り出し、楔、梁、大棟木、棟木など、公開された構造図面とも併せて仔細に観察したい。また、空石積橋脚と呼ばれる下部工の構築方法も独創的でその技術の高さに驚く。昭和中期に流失したが、鉄筋コンクリートにて再構築され令和に引き継がれている。往時のハイテク技術を目の当たりにし、先人の知恵に思いを馳せることも、錦帯橋の楽しみ方の一つだ。

さて、天下泰平の世を享受した江戸時代は、暮らしと産業を支える社会インフラが整備され、これらが近代まで連綿として受け継がれている。これぞinfrastructureであり、近代・現代に繋がる土木のクロニクル（chronicle／年代譜）として綴ってみたい。

歌川広重が描いた日本橋の賑わい

EPISODE 07の本題は、江戸時代を起

[2] 歌川広重が描いた「東海道五拾三次之内」「日本橋」「行列振出」（所蔵＝東京都立中央図書館）

[3] 東京オリンピック（1964年開催）を控えた日本橋上空の首都高建設工事（画像提供＝読売新聞社）

源とする日本橋（東京都中央区）の年代譜。"波乱万丈" や "紆余曲折" など、軽はずみに語れない土木のレガシーが刻まれ、なお進行中である。

　初代日本橋は、徳川幕府開府直後の慶長8年（1603年）に普請されている。翌年には、徳川幕府が日本橋を里程元標（りていげんびょう）と定め、全国街道の起点となる。そして、時は200年ほど流れ、歌川広重が描いた『東海道五拾三次之内 日本橋』（天保4−5年／1833−1834年）は、江戸から京都へ向かう東海道の起点、日本橋を描いた誰もが知る名作[2]。

　参勤交代の大名行列が江戸を出立する様子のほか、天秤棒を担いだ一団が向こう岸にあった魚河岸から仕入れを終え、行商に出かける様子も描かれている。江戸で一番賑わう早朝の活気が伝わってくる。

　その後も日本橋はたびたび浮世絵の題材として描かれた。明治維新を経て、歌川芳虎（よし）の描く『東京日本橋風景』（明治3年／1870年）には、時代の流れが見てとれる。江戸時代から続く人流と物流が勢いを増し、文明開化の象徴である馬車や自転車、そして異国人が描き込まれている。新生東京の国際化の幕開けだ。明治維新後も里程元標

[4]現在の日本橋：上空を覆う首都高速道路都心環状線

[5] 日本橋中央に設置され
ている日本国道路元標

は承継され現在に至る。

明治末期に竣工した石造アーチ橋は和漢洋折衷

明治44年（1911年）に、現存の2径間石造アーチ橋が竣工、現在の東京都中央区に鎮座した。文化庁の公式サイト（文化遺産オンライン）によれば、「橋長49m、橋幅28m、アーチ径間21mの規模を持つ。（中略）装飾用材は全て青銅で、中央及び橋台部4隅に花形ランプ付方錐柱を建て、各柱座に蹲踞状の麒麟を配す。ルネッサンス式橋梁本体に和漢洋折衷の装飾が調和する。」と記されている。

明治末期に竣工した石造アーチは、その後関東大震災（大正12年／1923年）と東京大空襲（昭和20年／1945年）に遭遇するが、修復と保存によりその重厚瀟洒な石造橋の威容は揺るがない。隣接する地下鉄日本橋駅は、戦前の昭和7年（1932年）、銀座線の開通とともに供用されている。

戦後、日本橋地区は高度経済成長のもとビジネスゾーンとして発展し、やがて東京オリンピック（昭和39年／1964年）を迎える。オリンピック開催にあわせて都内には首都高速道路が縦横に張り巡らされ、日本橋直上は巨大な鋼桁（首都高都心環状線）に覆われてしまった[3]。

コンセプトは "START!" 日本橋の地下化プロジェクト

平成11年（1999年）、日本橋が国指定重要文化財となったが、半世紀以上にわたり、上空を覆われた日々が続く[4]。橋中央に設置されている日本国道路元標[5]も何か寂しい思いであろう。時を同じくして、かつての賑わいを取り戻すべく、地域一体となった日本橋再生計画や首都高速道路の再構築（超高架案、地下案 etc.）の提言がなされた。

そして、令和を迎え、朗報である。「首都高速道路日本橋区間地下化事業」が進行しているのだ。事業コンセプトは「START!」（Safety, Technology, Activation, Renewal, Tunnelの頭文字をとっている）。首都高速道路の公式サイトによれば、都心環状線の

神田橋ジャンクション―江戸橋ジャンクションの間約1.8kmのうち1.1kmが地下に潜る。この区間は、1日あたり10万台の自動車が走行する過酷な使用状況にあるため、構造物（鋼桁、床版、支承など）の損傷が激しく、更新が必要であったとのこと。

大規模な地下化工事は技術的課題の克服と膨大な予算措置を必要とする。都市トンネルの構築方法に多用される開削トンネルとシールドトンネルを採用し、綿密な計画がなされている。

直近の公開資料によれば、「PHASE 01：地下化に向けて（地下埋設物の撤去と出入口撤去工事）」がすでに進行し、「PHASE 02：地下を走る新しい首都高速道路へ」が2035年度に終了し、「PHASE 03：日本橋川に青空を」が2040年度完成となっている（完成予定時期は、2021年6月現在の計画）。

さて、首都高速道路より提供されたイラスト[6]には、完成への期待がふつふつと沸いてくる。念願の青空を取り戻すことだけではない。冒頭の浮世絵に描かれた活気ある街づくりを目指し、日本橋川周辺の都市再生プロジェクト（国家戦略特区）にも呼応する。日本橋川とその周辺の景観と環境が大幅に改善されるであろう。

工事期間20年以上を要する地下化事業は、やがて次世代へとバトンタッチされていくだろう。我々シニアは、新しい首都高を"自動運転レベル4"で走行する準備をしよう。

[6]日本橋区間の地下化事業　※再開発の計画は現時点の情報を基に作成したイメージ（画像提供＝首都高速道路）

巨大ダムのカリスマ　黒部ダム

黒部ダムはインフラツーリズムの先達でもある

[1] 柱状ブロック工法による
建設中の黒部ダム（画像提供
＝世界銀行 The World Bank）

自然との過酷な戦いを克服した
黒部川第四発電所建設プロジェクト

北アルプスの3000m級の高い山々に挟

まれた黒部峡谷は、降雨量が多く急峻な河川であることから水力発電に適した条件を具備している。黒部川の水力電源開発は大正期に始まり、戦前に黒部川第三発電所ま

[2] 本体完成後直上空撮。華麗なフォルムを見てもらいたい（画像提供＝世界銀行 The World Bank）

でが完成していた。

そして、戦後、我が国の急速な経済復興の中、関西地域の深刻な電力不足を克服するため、関西電力は世紀の大工事に挑んだ。黒部川第四発電所建設プロジェクトは昭和31年（1956年）に着工し、当地の厳しい自然環境のもと7年の歳月を掛け完成に至った。総工事費は約513億円で、このうち約4分の1は世界銀行が貸し出しを行った。戦後復興の真っただ中、欧米各国は我が国の基盤インフラの整備を後押しした。

柱状ブロック工法による工事最盛期を見てもらいたい

本プロジェクトの中核となる黒部ダムの構造形式はアーチ式コンクリートダム（ウイングアーチダム、または、アーチ式ドーム越流型ダムとも称される）であり、我が国最大級の規模と威容を誇る。現在では、多くのwebサイトや観光メディアによってその雄姿が報じられているが、ここでは、建設当時に撮影された2つの画像を紹介したい。[1]は柱状ブロック工法による工事最盛期の画像、[2]は竣工直後の全景を写し出したもので、ダム工学的にも貴重な技術資料である。

柱状ブロック工法とは、158万㎥に及ぶ大容量のコンクリートダムの堤体を1辺20m程度のブロックに分割して柱状に打設するもので、[1]のように先行ブロックと後行ブロックにて隣同士が凸凹になっている。これは、セメント水和熱による堤体の温度上昇を抑制するためのものであり、当時の標準的なコンクリート打設工法である（現在では、例えばレヤー工法やRCD工法に取って代わられている）。

全ブロックの打設が完了すると、当初の設計図に記されたコンクリートダムの本体が完成する。再度、竣工後の華麗なフォルム[2]を見てもらいたい。直上から俯瞰するアーチダムが、華麗な2曲面構造を見せていることが分かる。このアーチ形状が上流側（水圧側）に凸に迫り出していることにも着目されたい。下流側にオーバーハングしていることも見逃せない。「黒部ダムは、こんなに薄いんだ」。平成期のベテラン技術者が見ても感嘆の声を上げ、そして往時の技術陣にリスペクトの念を抱く。

余談だが、当時の建設会社（旧 ㈱間組）が、バケットによる1日あたりのコンクリート打設量の世界新記録に挑戦したとのこと。ダムサイトには実際に使った施工資材が展示[3]されていて、欧米より導入した大型重施工機械を駆使した建設従事者の奮闘に思いを馳せることができる。

やがて湛水し膨大な水圧が作用するが、この迫り出したコンクリートアーチが支える。アーチダム部は無筋コンクリートであるが、合理的なアーチ形状により全圧縮状態になり、膨大な水圧に抗する。この膨大な圧力はダム本体を介して両岸（ウイング）

[3]ダムサイトに展示された当時の施工機械（容量9㎥の巨大バケット）

の岩盤に伝達される。構造力学と岩盤力学に裏打ちされたアーチダムの本領発揮だ。

土木史に語り継がれる破砕帯突破

"くろよん"の愛称で親しまれている黒部ダムと黒部川第四発電所建設を語る上では、大町トンネル（現・関電トンネル）に触れなければならない。資材搬入用のトンネルを大町側から掘り進んだところ、昭和32年（1957年）5月に地下水を含め大破砕帯に遭遇し、工事は中断を余儀なくされた[4]。

国内外の地質学者が調査し、「この水は抜けない」という結論であったが、事業者関西電力と建設会社熊谷組とが一体となり、7カ月の苦闘の末、80mの破砕帯を突破した。我が国の土木史上に残る難関工事は、やがて、映画『黒部の太陽』（三船敏郎・石原裕次郎主演）にもなり、多くの共感を呼んだ。現在、関電トンネルバスでは破砕帯[5]の通過がアナウンスされるが、このお知らせがなければ破砕帯を知る由もない。

くろよんがNHK紅白歌合戦の舞台に

黒部川第四発電所の施設が再びメディアを賑わしたことがある。平成14年（2002年）大晦日のNHK紅白歌合戦にて、シンガーソングライター中島みゆきさんが、『プロジェクトX～挑戦者たち～』の主題歌「地上の星」を披露したのだ。当日の夜更け午後11時過ぎ、黒部川第四発電所の資機材搬送用トンネル（関西電力専用）の特設ステージを舞台に、本人はもちろんバンドマンやスタッフが、極寒状態で見事敢行した。地上の星を力強く歌い上げる姿に、プロジェクトXに参画した"リアル地上の星"の方々も感極まったに違いない。"挑戦

者たち"の子や孫の方々も視聴したと聞く。

黒部ダムはインフラツーリズムの先達でもある

"くろよん"は半世紀にわたり電力供給を継続しているが、一方では、立山連峰と後立山連峰が間近に迫るダムサイトが、我が国屈指の観光地や登山ルートとして多くの来訪者を出迎える[7]。扇沢駅と黒部ダムを往復するトロリーバス（無軌条電車）[6]は54年間供用され、すでに電気バスに引き継がれた。

関電トンネルを抜けた観光客（途中、破砕帯にも気を留めて貰いたいが）は、広大なダムサイトの開放感に浸り、ときに観光放水を楽しみ、そして殉職者慰霊碑"尊きみはしらに捧ぐ"にも足を運ぶ。現地の原風景と化した大規模ダムのフォルムをカメラに収め、FacebookやInstagramで発信する。立山黒部アルペンルートの来客数は平成末には年間100万人に迫ったとも伝えられ（立山市商工観光課）、まさしくインフラツーリズム（土木観光学）の先達であり、そしてダムツーリズムを先導している。

土木のレガシーを体現する巨大ダムのカリスマ

自然との過酷な戦いを克服した大規模アーチダムの建設技術は、我が国の土木技術者に連綿として受け継がれている。そもそも、戦後のダム建設の発展史は、大型土木機械による本格的機械化施工を導入した佐久間ダム（重力式ダム）・黒部ダム（アーチダム）・御母衣ダム（ロックフィルダム）から始まり、大規模電力事業の礎が築かれたともいえる。黒部ダムと同規模のアーチ式コンクリートダムは、良好なダム候補地

[4] 難工事を物語る関電トンネルの施工写真（画像提供＝関西電力）

[5] 現在の関電トンネル。バスの中ではかつての破砕帯の通過がアナウンスされる（画像提供＝OCEAN DESIGN WORCS）

[6] トロリーバス、かつての雄姿（画像提供＝関西電力）

がほとんどなくなり、平成期に竣工した新潟県奥三面ダム（堤高116m、堤頂長244m、堤体積25.7万㎥）と広島県温井ダム（堤高156m、堤頂長382m、堤体積

81万㎥）が最後になるかもしれない。

　"くろよん"は、竣工から六十余年関西の地に電力を安定的に供給し続け、令和に入りCO_2を排出しない純国産エネルギーとして存在感を増している。巨大ダムのカリスマ・黒部ダムは、再エネとしての電力供給×観光インフラの二刀流でレガシーを積み増している。

黒部ダム

- ●所在地：富山県立山町
- ●河川：黒部川水系黒部川
- ●ダム形式：アーチ式コンクリートダム
  堤高186m、堤頂長492m、堤体積158万㎥
- ●完成年：1963年（昭和38年）

[7] 観光客で賑わうダムサイト（画像提供＝関西電力）

北海道の自然と対峙するタウシュベツ川橋梁

糠平湖に見え隠れする幻の橋

冬のタウシュベツ川橋梁

"幻の橋" の異名をとるタウシュベツ川橋梁

　北海道上士幌町の糠平湖（ダム湖）を横断する全長130mのタウシュベツ川橋梁は、多くの見学客や写真家を魅了する究極のインフラツーリズムスポットだ。

　この廃線橋梁は旧日本国有鉄道士幌線の一部で、昭和12年（1937年）に建設された。戦後、昭和30年（1955年）に路線の敷き替えにより廃線になり、そのまま存置されている。ダム湖の水位変化で見え隠れするため "幻の橋" の異名をとり、四季折々に千変万化する姿形は感動的でもある。

　このコンクリート高架橋は、当地の厳しい気象条件のもとかなりの劣化、損傷を免れず、年々朽ち果てていくその様子が話題になっている。極寒期には最低気温が－25℃を下回ることもあり、日較差が大きいことも凍害を促進する。コンクリート工学的には、凍結融解作用（freezing and thawing cycles）と呼ばれる、凍結と融解の繰り返しによる寒冷地特有の劣化現象である。コンクリート技術者から見れば、前例のない長期の暴露試験を継続していることにもなり、より仔細に調査したいところだ。

現地訪問にはガイドツアーがおすすめ

　糠平湖に屹立するタウシュベツ川橋梁の現地見学には「NPOひがし大雪自然ガイドセンター」が主催するツアー（有料・予約制）がおすすめ。見所はタウシュベツ川橋梁だけではない。第五音更川橋梁（橋長109m）や三の沢橋梁（橋長40m）など現存する旧国鉄士幌線のコンクリートアーチ橋梁群（北海道遺産／近代化産業遺産）に、かつて当地を疾走した列車に思いを馳せることも大切だ。

　すでに主（走行列車）を失い、現地に放置された高さ10mの11連アーチ橋は、文字通り八十余年の風雪に耐え、その凛とした立ち姿には神々しい佇まいを感じる。同時に、当時の先端技術である高架橋の設計・施工に従事した鉄道土木の先達に畏敬の念をもって、この橋たちを見守りたい。

（画像提供＝NPOひがし大雪自然ガイドセンター）

EPISODE **09**

ノスタルジックな鉄道駅舎を訪ねる

駅舎のファサードに見る風格と伝統

JR四国土讃線 琴平駅
（香川県琴平町）

明治22年（1889年：大日本帝
国憲法が発布された年でもあ
る）に、讃岐鉄道の駅として開
業した琴平駅は、昭和11年
（1936年）に現在の駅舎が竣
工。三角屋根と半円窓が目印の
木造平屋建て駅舎は、金刀比羅
宮参りの起点としても馴染み深
い。近代化産業遺産および登録
有形文化財に指定されている。

歴史と格式を伝える駅舎の表玄関

　"ふるさとの訛なつかし停車場の人ごみ
の中にそを聴きにゆく"。

　歌集『一握の砂』（明治35年、石川啄木）
に詠われた有名な短歌。文明開化が行きわ
たり、その文明を享受する頃、鉄道は人々
の往来、産業、交易を支えていた。明治期
に開花した鉄道インフラは年月を重ねて全
国におよび、平成末には鉄道駅の数は
9000を超えたといわれている。これらの
多くは地域の発展とともに歴史を重ね、そ
のレガシーを令和の現代に伝えている。

　ここでは、伝統と格式を誇る12の駅舎
を、北から南へ画像とともに巡る。「なぜ、
○○駅がないんだ！」のお叱りは収めてい
ただき、まずは駅舎のファサードfaçadeと
も言うべき表玄関を楽しんでいただきたい。

JR北海道釧網本線
原生花園駅（北海道小清水町）

北海道を象徴する広大な小清水原
生花園（網走国定公園）にアクセ
スする季節営業駅（昭和62年／
1987年開業）。ＪＲ釧網本線の
臨時駅は、オホーツク海、湿地草
原帯、濤沸湖が繰り広げるパノラ
マビューの中に凛として佇んでい
る。緑色のキュートな三角屋根が
目印。（画像提供＝JR北海道）

会津鉄道 湯野上温泉駅
（福島県下郷町）

全国でも珍しい茅葺屋根の駅舎が
出迎えてくれる湯野上温泉駅。駅
舎の中には囲炉裏もあり、大内
宿の玄関口としても知られている。
風情ある景観は、SNS映えする
撮影スポットとしても大人気。春
と秋にはライトアップが行われる。
桜が満開を迎える頃、ライトアッ
プされた駅舎と夜桜を楽しめる。

JR東日本日光線 日光駅
（栃木県日光市）

明治23年（1890年）開業の木造建築は、明治のロマネスクの香りを残す名建築として知られている。夜間にはライトアップによって、白亜の駅舎が幻想的な姿で浮かびあがる。大正天皇が田母沢御用邸を訪れたときに休息した貴賓室が、駅舎内に保存・公開されている。

JR東日本上越線 土合駅（下り）
（群馬県みなかみ町）

日本一のモグラ駅の愛称で親しまれている土合駅の下りホームは、地下70mの新清水トンネルの中にある。地上に出るまでは、462段の階段＋αを歩いて上らなければならない。一方、地上にある土合駅の上りホームとは高低差が81mあり、さらに直線距離にして200mも離れている。とてもユニークな構造の駅なのだ。

東急電鉄
田園調布駅復元駅舎
（東京都大田区）

平成2年（1990年）、東急田園調布駅の駅舎は地下化工事に伴い解体されたが、歴史的建造物保存のため平成12年（2000年）に復元され、高級住宅街に通じる西口ロータリーの顔となっている。異彩を放つ屋根のデザインは、「マンサード・ルーフ」という欧州近世の民家がモデルといわれている。
（撮影＝著者）

えちごトキめき鉄道
筒石駅（新潟県糸魚川市）

大正元年（1912年）に開業した筒石駅は、防災上の理由や複線電化に伴い、頸城トンネルが建設され、昭和44年（1969年）、トンネル内に駅が移転した。地上の改札口とトンネル内のホームとの高低差は約40m。乗降者もまばらな無人の駅だ。
（撮影＝牧村あきこ）

富山地方鉄道 岩峅寺駅
（富山県立山町）

常願寺川の水力発電と治水を目的とした建設資材搬用の富山県営鉄道が大正10年（1921年）に開通。その年8月に岩峅寺駅が開業した。駅舎屋根には破風が据えられ、内装の木製ベンチなど往時の面影を残す。映画『劔岳 点の記』（平成21年公開）にも登場している。

大井川鐵道井川線
奥大井湖上駅
（静岡県川根本町）

"湖に浮かぶ小さな駅" であり、なんとも浪漫溢れる奥大井湖上駅。長島ダムの建設に伴い誕生した接岨湖の左岸につき出た半島状の場所にポツンと居座っている。その半島の両脇には南アルプスあぷとライン（井川線）の鉄橋奥大井レインボーブリッジが架かる。東京港連絡橋（通称レインボーブリッジ）より3年早く、平成2年（1990年）に竣工した。（撮影＝林直樹）

旧大社駅
（島根県出雲市）

旧大社駅は明治45年（1912年）に開業し、大正13年（1924年）に改築。JR大社線はすでに廃止されたが、駅舎は当地に保存されている。出雲大社の門前町に相応しい重厚な日本風木造建屋は、国指定重要文化財駅舎の一つであり、多くの観光客が訪れる。令和2年度より、保存修理（駅舎の半解体修理）が開始された。（撮影＝著者）

JR九州鹿児島本線
門司港駅（福岡県北九州市）

鹿児島本線の起点の門司駅として明治24年（1891年）に開業。大正3年（1914年）に創建された2階建ての木造駅舎は、昭和63年（1988年）に鉄道駅として初の国の重要文化財に指定された。6年半にわたる復原工事と構造補強が平成31年（2019年）に完成し、大正時代の威容が蘇った。門司港レトロの開発により、昼夜を問わず賑わいを増している。

JR九州肥薩線 嘉例川駅
（鹿児島県霧島市）

明治36年（1903年）に開業したJR九州肥薩線の木造駅舎は、すでに、百余年の歳月を刻んでいる。静かな山間に佇む嘉例川駅はノスタルジックな駅舎が魅力。待合室には木製のベンチが置かれ、往時の面影を色濃く残す。開業以来地元愛に守られてきた嘉例川駅は、現在では観光客が訪れる無人駅でもある（国の登録有形文化財）。（画像提供＝霧島市）

行ったこともないのに
ノスタルジーを感じる不思議な駅舎

鉄道駅舎は地域創生の先導役ともなり、また観光用パンフレットの顔にもなることしばしば。現世代にとっては、生まれたときから当たり前のように鎮座し、人々が集う空間でもある。

また、1日あたりの乗降人員が2万人を数える田園調布駅から、100人に満たない嘉例川駅、季節営業の原生花園駅など、それぞれの鉄道駅はそれぞれのミッションと伝統を誇る。そして、行ったこともないのに、訪れてみるとノスタルジーを感じる駅舎があるのは不思議なことだ。

現在、営業している数千の鉄道駅舎は、言わずもがな地域のシンボルであり、地域とともに歴史を刻んでいる。

浪漫溢れる駅舎と堅牢瀟洒な
新幹線駅舎に通底するもの

さて、平成後期に九州新幹線、令和に入り西九州新幹線が開業した。同時に、堅牢瀟洒な大型駅舎もデビューしている。これらの鉄道施設は、まさに未来型地域創生の拠点として地域の期待を一身に背負う。そして、バリアフリーからユニバーサルデザインを旨とする近代駅舎のファサードは、これから長きにわたり地域を見守ることになる。そろそろ"駅舎"に代替する名称が欲しいが、妙案はないだろうか。

冒頭に紹介した浪漫溢れる駅舎とこの躍動感ほとばしる新幹線駅舎は、まさに隔世の感があるが、我が国の鉄道150年の歴史を象徴している。この両者に通底するものは、あるだろうか？　"地域が主役、人間も主役"であることは、共通項として間違いないが。この問いは、現在取り沙汰されているローカル線の廃止論などに対して、鉄道ビジネスの再浮上の手がかりになるのではないだろうか。

明治の歌人石川啄木は、生涯5回上京している。その道中には鉄道を使うことになるが、乗換駅に郷愁をつなぐ。再度、『一握の砂』から。"汽車の旅 とある野中の停車場の 夏草の香のなつかしかりき"。

平成23年（2011年）に開業した九州新幹線新鳥栖駅（開業当初の様子）（画像提供＝JRTT鉄道・運輸機構、設計・監理＝JRTT鉄道・運輸機構九州新幹線建設局、安井建築設計事務所）

令和4年（2022年）に開業した西九州新幹線嬉野温泉駅（撮影＝著者）

鉄道遺構「アプトの道」をてくてく歩いてみよう

煉瓦積みの隧道で往時を偲ぶ
（撮影＝著者）

下から見上げる碓氷第三橋梁の威容
（撮影＝牧村あきこ）

鉄道遺構に触れる廃線ウォーク

　JR東日本信越本線のアプト式鉄道時代の廃線敷を利用して、横川駅 ― 熊ノ平駅の間の約6kmが遊歩道として整備されている。その名も「アプトの道」（群馬県安中市）。

　鉄道遺構に出会うアプトの道には10の隧道と6つの橋梁など写真映えスポットが連なる。旧丸山変電所や碓氷峠鉄道文化むらも、鉄道ファンや廃線ウォーカーの探求心をそそる。

雄大な煉瓦造4連アーチ　碓氷第三橋梁（国指定重要文化財）

　当時の煉瓦造アーチ橋の標準が径間2〜8フィート（0.61〜2.44m）だったなかで、碓氷第三橋梁は、径間60フィート（18.3m）の鉄道アーチ橋として建設された。さらには、当時最大級の急こう配66.7‰（＝6.67％）の箇所もあり、それ故、アプト式鉄道が採用された。

　現地に設置されている説明記事（旧信越本線の碓氷第三アーチ）を再掲する（一部省略）。

建設：明治25年12月竣工

設計者：イギリス人パゥネル技師・日本人古川晴一技師

構造：煉瓦造アーチ橋（径間数4、長さ87.7m）

建設してからのあゆみ：碓氷の峻険（しゅんけん）をこえるため、「ドイツのハルツ山鉄道」のアプト式を採用して、明治24年から26年にかけて建設されました。こう配は66.7/1000（66.7パーミル）という国鉄最急こう配です。すぐれた技術と芸術的な美しさは、今なおその威容を残しております。ここに往時を偲ぶ記念物として、その業績を長くたたえたいものです。（昭和45年1月1日 高崎鉄道管理局 松井田町教育委員会）

[追記] 我が国屈指の鉄道遺産（重要文化財）は、道すがら見て触れ感じることができる（もちろん、SNS発信も）。ただ、煉瓦造の橋脚などに心ない落書きを見つけることがあり、私たち訪問者のこころを痛める。

[1] 余部鉄橋のかつての雄姿
（鋼トレッスル橋）（画像提供
＝土木学会附属土木図書館）

EPISODE 10

明治に生まれ令和に生きる余部橋梁

鋼トレッスル橋はPCエクストラドーズド橋に代替わりした

079

[2] 赤い鉄橋の鋼トレッスル橋を懐かしむファンは多い（画像提供＝香美町）

鋼トレッスル橋から
エクストラドーズド橋へ架け替えられた

　日本海に面した谷あいに突如として現れる余部鉄橋。赤色の鉄橋が凛々しい往時の風景を懐かしむ鉄道ファンは多い。明治45年（1912年）に建設されたJR山陰本線余部鉄橋（兵庫県香美町）は、当時、東洋随一の鋼トレッスル橋(steel trestle bridge、鉄骨をやぐら状に組み上げた橋脚)として多くの人々に親しまれ利用されていた[1][2]。

　戦後、地元の要望のもと餘部駅（現在も、旧字体が使われている）が開設され、利用客の利便性が改善された。一方では、日本海沿岸の厳しい気象条件を受け、遅延・運休が頻発していた。加えて、昭和61年（1986年）に列車転落事故が発生し、平成期に入ると余部鉄橋対策協議会が発足した。

　100年にわたり当地の厳しい風雪に耐えて命脈を保った橋梁も、「安全輸送の確保」と「現実的な維持管理」の観点から、コンクリート橋への架け替えが決定された。平成19年（2007年）から工事が開始され、3年半の歳月をかけ、現在の新橋が完成した。新余部橋梁は最先端のPC橋梁技術を駆使し、PCエクストラドーズド橋として再出発したのだ[3]。

新生余部橋梁の建設秘話
橋桁移動旋回工法

　最先端の橋梁技術を駆使したPCエクストラドーズド橋（PC extradosed bridge）の建設に際しては、旧橋の一部保存と運休期間短縮のため、奇想天外な施工法が展開された。

　まず、東側部分を既設のトンネルに接続

[3] 新生余部橋梁（PCエクストラドーズド橋）の誕生（画像提供＝清水建設）

させなければならないが、接続部は旧橋の軌道と重なるため一定期間の列車運休が必要だった。この運休期間を短縮するため、トンネル接続部の橋桁を旧橋に隣接して製作し、旧橋の東端部を撤去した後に所定の位置に移動させる計画とした。

このため、長さ約90m、重量約3800トンのS字状の橋桁を、油圧ジャッキにて北側に4m水平移動させた後、中央付近を軸にして反時計回りに5.2度旋回させた [4]。

"橋桁移動旋回工法"は、発想そのものが斬新であり、3次元風向風速計をもとに風況解析も実施するなど、綿密な工事シミュレーションを繰り返し、地上40mにて見事に成功させている [5]。これにより、水平移動と旋回移動、橋の連結工事と軌道工事などを含めて、わずか26日の運休期間にて完了した。

余部橋梁は数々の受賞歴を誇る

余部橋梁は、これまでプレストレストコンクリート技術協会賞（作品部門）、土木学会賞（田中賞、作品部門）、エンジニアリング功労者賞（エンジニアリング振興）、日本コンクリート工学会賞（作品賞）などの多くの受賞歴に輝く。いずれも、PCエクストラドーズド橋として新設された余部橋梁についての評価である。

一方、旧余部橋梁（余部鉄橋）は、土木学会選奨土木遺産（平成26年度）として登録されている。その選奨理由を記したい。

「明治末期に東洋一の橋りょうとして建設され、また適切な補修により1世紀にわたりほぼ建設当時の姿を残した貴重な土木遺産。」

"土木学会選奨土木遺産（civil engineering

heritage)" の認定制度は、土木遺産の顕彰を通じて歴史的土木構造物の保存に資することを目的として、平成12年（2000年）に設立された。推薦および公募により、年間20件程度選出されている。

100年後の土木遺産へ
鉄道観光施設の誕生

餘部駅には旧橋の一部を利用した展望施設 "空の駅" や公園施設が併設されたほか、貴重な旧橋のトレッスル鋼材の一部が保存・展示され、新しい鉄道観光施設として人気を博している[6][7]。当地の新しい鉄道観光施設の誕生だ。自治体の支援に加えて、地元、鉄道ファンの支援の賜物と考えたい。

現地に行けば、公園施設にて鋼製の橋桁（鋼部材は米国製とのこと）もコンクリート製の新橋も、本物を間近で見ることができる。100年前の鋼鉄やボルトの肌触り、そして材齢十数年のコンクリートの感触を実感し、当時の技術と新技術を感じとって

平行移動前

平行移動後

旋回後

[4] 橋桁移動旋回工法による新橋の建設
（画像提供＝清水建設）

[5] 完成間近の新橋。PCエクストラドーズド橋の全容が姿をあらわす（画像提供＝清水建設）

もらいたい。併設する展望施設も含めて、次世代に伝えたい鉄道施設のギャラリーである。

　あらためて、旧橋誕生から100年の星霜を重ねて代替わりしたJR山陰本線余部橋梁は、明治、大正、昭和、平成、令和にわたる鉄道橋のレガシーを刻んでいる。1世紀にわたる鉄道事業者の矜持を知る思いであり、明治期の鉄道技術者と新世代の橋梁技術者の時を超えたプロフェッショナリズムに感謝したい。

[6] 展望施設"空の駅"とクリスタルタワー

[7] 現地に展示された旧橋の橋桁

余部橋梁

●**所在地**：兵庫県香美町
●**発注者**：JR西日本

[旧橋]（通称 余部鉄橋）
●**構造形式**：鋼トレッスル橋
●**全長**310.59m、幅5.334m、高さ41.45m、最大支間長18.288m（60フィート）
●**供用期間**：明治45年（1912年）〜平成22年（2010年）

[新橋]
●**橋長**310.6m、幅員7.55m、高さ41.5m、最大支間長82.5m
●**上部構造**：5径間連続PC箱桁エクストラドーズド橋
●**下部構造**：RC橋脚4基、橋台2基
●**供用開始**：平成22年（2010年）

EPISODE 11

古色蒼然 土木遺産の四題噺

時を経て、ますます存在感を増す老舗土木施設たち

[1] 稚内港北防波堤ドーム
（画像提供＝NPO法人北海
道遺産協議会）

[2] 夜間、ライトアップされた稚内港北防波堤ドーム（画像提供＝NPO法人北海道遺産協議会）

1：土谷技師の偉業が令和に生きる 「稚内港北防波堤ドーム」

　日本最北端の地・北海道稚内市に、鉄道省による稚内─樺太大泊間稚泊航路の歴史を語り継ぐ「北防波堤ドーム」が現存する。稚内港の築港計画は大正期に始まり、この北防波堤ドームは、昭和11年（1936年）、稚泊航路の港湾施設として誕生した[1][2]。

　現在、鉄筋コンクリート製の半アーチ式ドームは八十余年の歳月を重ねたが、原型保存と補修、補強により防波堤として現役を貫いている。当時26歳の北海道庁技師・土谷実が設計した堅牢瀟洒なドームは、"古代ローマの柱回廊" や "重厚なゴシック建築" など様々な麗句にて紹介されている。柱間6m、70本のエンタシス柱に支えられた427mにおよぶ直線回廊は、当初乗降客用のための風雪を凌ぐ通路であったが、現代では極寒の地に静謐な内空間を創出している。

　この稚泊航路は終戦直後に廃止されたが、ドームの傍らに建立された記念碑が、栄光と苦難に満ちた稚泊航路の歴史を伝えている。令和期まで受け継がれた北防波堤ドームは港湾施設として機能する一方、観光スポットとしてよく知られ、CMやTVドラマなどのロケ地やイベント会場としても活用されている。

　原型保存と維持管理に携わった方々、地元の支援団体に感謝しなければならない。

2："曲がっても 曲がっても燃ゆ 紅葉坂" 「日光いろは坂」

　日本の道100選に名を連ねる日光いろは坂[3]は、日光市街と奥日光を結ぶ山岳道路。観光道路でもある。下り専用の第一

いろは坂と上り専用の第二いろは坂で合わせて48のカーブがあり、その名の由来となっている。

秋たけなわの頃、全国各地から多くの人が紅葉見物に訪れる。右に左にカーブしながら、目に飛び込んでくる紅葉を楽しめるのが、当地いろは坂ならではの醍醐味。

「曲がっても 曲がっても燃ゆ 紅葉坂」。これは、俳優の野間口徹氏が、テレビ番組『プレバト!!』で紅葉に染まるいろは坂をテーマに読んだ1句（選者：夏井いつき先生）。なるほど、車窓から飛び込んでくる錦秋の情景が目に浮かぶようだ。

日光いろは坂のヘアピンカーブ（道路計画では、大小の円形やクロソイド曲線〈緩和曲線〉、ときに背向曲線が駆使される）が右に左にスムーズに展開し、山裾に広がる四季折々の自然がおもてなしをしてくれる。

3：富山平野をまもる　「白岩砂防堰堤」

白岩堰堤は、立山カルデラからの土砂流出を防護するために築造された砂防堰堤施設。本堰堤、副堰堤、床固および方格枠から構成される。立山カルデラの狭窄部（狭まっている部分）に築造された堰堤は、カルデラ内に堆積する2億㎥といわれる土砂の流出を防ぐ。本堰堤の高さ63ｍ、7基の堰堤を合わせた水脈の落差108ｍは、砂防

[3] 紅葉に萌える日光いろは坂

[4] 白岩砂防堰堤（画像提供＝富山県土木部建設技術企画課）

堰堤として日本一の規模となる [4]。

　すでに、世界遺産登録に向けて「立山砂防防災遺産シンポジウム」が開催されている。ここでは、サブタイトルとして「日本固有の防災遺産 立山防災の防災システムを世界遺産に」を掲げ、その価値と魅力が幅広く議論された。

4：現存するバットレスダムのカリスマ「丸沼ダム」

　群馬県片品村の標高1430mにある一ノ瀬発電所丸沼ダム（東京電力リニューアブ

ルパワー）は、昭和初期に竣工した鉄筋コンクリート造のバットレスダム [5a]。このようなバットレスダムの建造は、大正から昭和初期に限定され、数基のみが現存する中、この丸沼ダムは堤高など最大規模を誇る。

バットレスダム（buttress dam、扶壁とも呼ばれる）とは、遮水壁（面板）を鉄筋コンクリートの柱と梁で支える構造形式。下流側から見える格子枠がもたらす構造美は、ダムファンならずとも多くの人々を魅了する。バットレスダムは、重力式ダムに比べてコンクリート量を減らす（当時、高価だったセメント量を減らす）ための構造形式である一方、型枠工事とコンクリート工事などに綿密な施工技術と職人技が要求された [5b]。すでに90歳を過ぎ、"もうどこにも新設されない" ということも、ワクワク感を増幅させダムマニア垂涎の的でもある。

事業者による用意周到な原型保存と維持

[5a] バットレス構造が
凛々しい丸沼ダム
（画像提供＝東京電力
リニューアブルパワー）

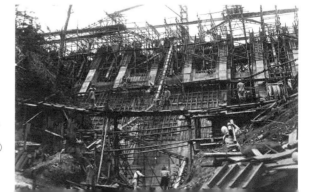

[5b] 施工中の丸沼ダム
（画像提供＝東京電力
リニューアブルパワー）

管理により、当初の意匠と構造形式が変更されていないことも丸沼ダムの魅力。現役の発電所として稼働し（常時出力860kW）、ダム工学と土木史両面から高い評価を受けている。

土木遺産の魅力は何だろう

土木学会選奨土木遺産は、土木遺産の顕彰を通じて歴史的土木構造物の保存に資することを目的として、平成12年（2000年）に認定制度が設立された。また、土木学会西部支部（九州・沖縄地方）のwebサイトには「土木学会では、幕末以降、西洋の近代土木技術が導入されてから第二次世界大戦以前までに造られた土木施設のうち、現存しているものを近代土木遺産と定義し、全国調査を行いました。その結果、全国で約2,800件、九州で約500件が確認されています。」と記されている。

加えて、近代土木遺産の3つの要件として、「技術が優れていること」（技術評価）、「デザインが優れていること」（意匠評価）、「地域に様々な形で貢献している、あるいは地域の人たちに愛されていること」（系譜評価）の3つをあげている。技術評価と意匠評価は土木施設が本来具備すべきものであり、3つ目の系譜評価が社会インフラとして愛され続ける本質的な意味合いを示唆している。

我が国の土木遺産は全国各地に、姿かたちこそ古色蒼然と化すも粛々とミッションをこなし、その地で生き生きと存在感を示している。なによりも、現役として稼働し、多くの訪問客に愛されていることが凄い。"平成組"のアクアラインや温井ダムも、適切な維持管理のもと、やがては土木遺産に仲間入りすることになる。

稚内港北防波堤ドーム

- ●所在地：北海道稚内市
- ●建設年：昭和11年（1936年）／昭和55年（1980年）復元
- ●形式：鉄筋コンクリート造半アーチ式ドーム
- ●構造諸元：海上高14m、長さ427m、柱間6mの円柱70本
- ●平成13年北海道遺産（稚泊航路の記憶を伝える美しきモニュメント）
- ●平成15年度選奨土木遺産（土木学会）
- ●選奨理由：海陸の連絡を波飛沫から防護する類例のない設計であり、原型保存に徹した復元と補修で次代へと受け継がれるドーム型有覆防波堤。

日光いろは坂

- ●所在地：栃木県日光市
- ●竣工年：第一／昭和29年（1954年）、第二／昭和40年（1965年）
- ●全長／標高差：15.8km／440m
- ●令和2年度選奨土木遺産（土木学会）
- ●選奨理由：日光いろは坂は、リゾート開発の萌芽期を支え、また本邦初の県営事業であるとともにわが国の先駆的観光道路の記念碑となる重要な土木遺産です。

白岩砂防堰堤

- ●所在地：富山県富山市・立山町
- ●事業者：国土交通省立山砂防事務所
- ●堤高／貯砂量：63m／2億㎥
- ●着手／竣工：昭和4年（1929年）／昭和14年（1939年）
- ●平成11年に国の登録有形文化財に、平成21年に国の重要文化財に指定
- ●指定理由（要約）：わが国有数の急流荒廃河川である常願寺川の基幹施設として建設され、今なお富山平野を守り続ける国土保全施設として歴史的価値が高く、大型機械を駆使した大規模構造物からなる複合的砂防施設であり、近代砂防施設の1つの技術的到達点を示す。

東京電力リニューアブルパワー 丸沼ダム

- ●所在地：群馬県片品村
- ●事業者：東京電力リニューアブルパワー
- ●堤高／堤頂長／堤体積：32.1m／88.2m／1.4万㎥
- ●着手／竣工：昭和3年（1928年）／昭和6年（1931年）
- ●平成15年国指定重要文化財
- ●平成13年度選奨土木遺産（土木学会）
- ●選奨理由：わが国では希少性が高く、かつ最大の堤高を誇るバットレス式ダム。

挙動観測で察知する土木の息遣い

土木は生きている

　土木構造物は、まずは自重を支え、橋梁施設では上載物（鉄道列車／走行車両）を受け、ダム堰堤は上流側から膨大な水圧を受け、地中構造物は土圧／水圧が作用する。日射や気温の環境変化、風雨や風雪を受けることもあり、土木構造物は日々変化する。このため、変位変形ひずみや沈下、圧力や応力などの長期挙動をモニターすることがあり、それは維持管理や安全管理に役立つ（ただし、すべての構造物に適用されるわけではない）。

　加えて、ごく稀に地震津波や洪水土石流などが襲来することも覚悟しなければならない（もちろん、そのための構造設計はなされているはずだが、挙動観測により構造物の変状を知る必要がある）。ここでは4つの事例をスケッチ図により、ウォッチしてみたい。

　私たちの生活と産業を支える土木施設は、1年365日開業している。肉眼では察知できない動きと息遣いを先進の観測技術で検出する計測工学は重要な土木工学の1分野だ。

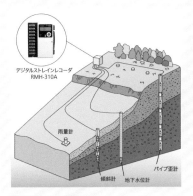

斜面の地すべり観測

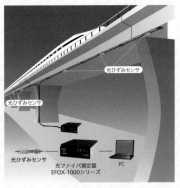

光ファイバによる高架橋の挙動計測

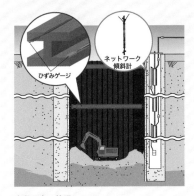

山留工事の管理

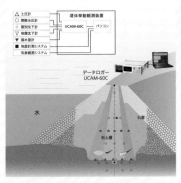

ダム堤体の挙動観測（ロックフィルダム）

（画像提供＝共和電業）

EPISODE **12**

平成期に活性化した舟運事業

江戸時代から続く運河を川目線で巡る

左／[1] 打ち上げ花火がその水面を照
らす隅田川（画像提供＝毎日新聞社）
右／[2] 上空から見た隅田川橋梁群

打ち上げ花火が水面を照らす隅田川

　写真[1]は、東京の夏の風物詩・隅田川花火大会（第38回）の空撮。隅田川をはさむ台東／墨田両区の会場で、約2万発の花火を楽しんだと聞く。大玉の花火に映える眼下の橋梁群が彩りを添え、川面にはたくさんの屋形船が浮かぶ。

　公式サイトによれば、この「隅田川花火大会」の名称は、昭和53年（1978年）からと意外に新しい。そもそもの起源は、徳川幕府（8代将軍吉宗の時代）による隅田川での「水神祭」と両国橋周辺の料理屋による「両国の川開き」が由来とのこと。

　さて、隅田川は、いわゆる“震災復興橋梁”が話題になるが、このような大花火の夜景として俯瞰すると、道路・鉄道など架橋インフラとしての意義を垣間見ることができる。そして、空撮[2]から見る隅田川

橋梁群は、さながら鋼橋の展示館でもある。鋼橋の形式を楽しみ学ぶことができ、種々のガイドツアーが企画され大盛況であると聞く。後藤新平が牽引した帝都復興事業に際して、多種多様の橋梁形式が試みられた。目玉となる隅田川6大橋にはすべて異なる形式が採用され、現代にあって、私たちはその多様性を享受している。誠にありがたい！

　江戸時代に遡る隅田川花火大会[3]は、華麗な打ち上げ花火が主役であるが、大玉花火の炎色反応に浮かび上がる橋梁群も、隅田川ならではの風情を醸しだす。

「歴史クルーズ・お江戸日本橋舟めぐり」体験乗船

　話を昼間に戻し、写真[4]は清洲橋と東京スカイツリー。隅田川に鎮座する新旧巨大インフラの競演であり、歳の差84歳の

[3] 一立斎広重（歌川広重）「両国納涼花火之図」（所蔵＝国立国会図書館）

[4] 清洲橋と東京スカイツリー。歳の差84歳のツーショット（撮影＝著者）

豪快なツーショットでもある。先輩格は関東大震災復興事業で建設された自碇式吊橋（昭和3年完成）、かたや新参者は高さ世界一の自立式電波塔（平成24年完成）。

この写真は、歴史クルーズ "お江戸日本橋舟めぐり"（国土文化研究所主催）の体験乗船の折り、船長さんの計らいにより絶好のカメラスポットに停船していただいたときのもの。私たち乗船客はこのときとばかりにシャッターを切ったのだ。

加えて、いくつかある舟運コースの沿川には、多種多様の見所やインスタ映えスポットがある。例えば、水位差のある河川網を連結する扇橋閘門[5]（閘門lock gateとは、水位差のある河川／運河の間を、船を上下させて航進させる河川施設）、倉庫をリノベーションしたレストランT. Y. HARBOR[6]など、乗船客には新しい発見だ。

また、隅田川には名立たる名橋が並ぶが、ここではあえて、日本橋川が隅田川に流入する河口部に位置する豊海橋を紹介したい[7]。震災復興橋梁として、昭和2年（1927年）に竣工した鋼橋（橋長46m、フィーレンデール桁橋）は、鋲止めが今なお異彩を放っている。ドラマのロケ地やデートコースとしても知られている。沿川施設を "川目線" から探訪する舟運の醍醐味は尽きない。

平成期に多くの試みがなされた舟運事業を探る

さて、平成20年代頃からだろうか、水上観光や水上交通手段の促進と定着化を図るため、いわゆる舟運事業について多くの試みがなされた。水辺空間活用（東京都都市整備局）、舟運社会実験（国土交通省、東京都、大田区など）、お江戸日本橋舟め

[5] 感潮河川（隅田川方面）と水位低下河川を繋ぐ扇橋閘門

[6] 倉庫をリノベーションしたレストランT. Y. HARBOR
（画像提供＝TYSONS & COMPANY）

[7] 日本橋川にかかる豊海橋

ぐり（江戸東京再発見コンソーシアム）など、魅力的なチャレンジが始まったことは記憶に新しい。これはまた、大小河川に点在する桟橋、船着き場、小型船ターミナルを生かした航路船の利活用（水上バス、シーバス、歴史クルージング、水上タクシーetc.）などに繋がり、臨海部や河川部の新たな魅力を引き出すことが期待できる。そもそも、江戸時代に栄えた屋形船が舟運事業の先駆けであり大先輩だ。

改めて、東京は水の都であると思う。その起源は徳川家康入府に遡り、構築されたお堀や運河は河川遺構であり、現役の舟運水路でもある。船上にて配布された神田川コースの運航図には、現代の地図上に江戸時代古地図が重ね書きされていて、舟運のレガシーを物語る[8]。

加えて、大規模地震等災害時の防災施設としての機能も忘れてはならない（東京低地河川活用推進協議会など）。日常と緊急

時にて機能する河川インフラの良きお手本であり、江戸幕府が残した水路が連綿と引き継がれている。

お江戸日本橋舟めぐり
ラストクルーズ

さて、日本橋を出発したお江戸日本橋舟めぐりは、予定の1時間30分があっという間に過ぎ、電気ボート・江戸東京号は日本橋船着き場に近づく。正面にはお馴染みの日本橋が見え（頭上には、首都高都心環状線が覆いかぶさる）、江戸東京号は左手の浮体式船着き場に接岸し乗船客一行は下船した。

これは中身の濃い歴史クルーズであり、中学・高校で習ったはずの文化と歴史の復習でもあった。舟めぐりコースの運航図は、徳川幕府と現代を繋ぐ貴重な資料だ。加えて、建設コンサルタントのガイドによる分かりやすい説明も勉強になった。大学や高専での河川工学や橋梁工学の生きた教材にもなる。

なお、お江戸日本橋舟めぐりは令和3年（2021年）にてラストクルーズとなったことを報告しなければならない。舟運事業のパイオニアとして、12年間にわたり、1万5840人が体験した。時を同じくして公共船着き場の一般開放がすすみ、また民間の舟運業者が増えたことにも多大なる貢献をしたといえる。「いろいろなチャレンジがあって今がある。そして未来が拓ける」、そんな名言が脳裏をよぎった。

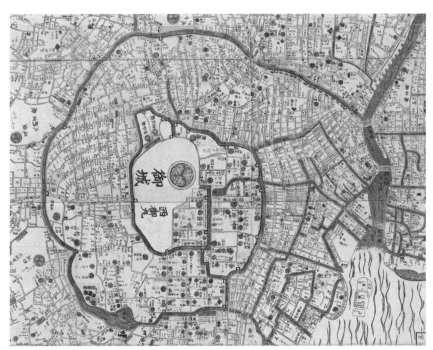

[8]『弘化改正御江戸大絵図』（須原屋茂兵衛、弘化2年）より一部抜粋（所蔵＝国立国会図書館デジタルコレクション）

「地下防災神殿 首都圏外郭放水路」（埼玉県春日部市）
豪雨時の荒れ狂う水をこの第1立坑に集水し、調圧水槽（写真手前）に導く。平時の見学ツアーでのみ足を踏み入れることができる防災地下空間でもある

第 **3** 章

日本の土木技術に
出会う

EPISODE

13-18

地下施設・高速道路・トンネル・エネルギー施設など、我が国の得意技とも
いえる建造技術を、エキサイティングな写真とともに紹介したい。
一騎当千の土木施設はまた、技術者のあくなきプロフェッショナリズムの
証しであり、戦後の土木史を飾るきら星でもある。拍手喝采！

EPISODE **13**

防災地下神殿・
首都圏外郭放水路の威容

世界最大級の巨大放水路のメカニズムを解きあかす

[1] 59本の巨大な柱がそびえ
立つ調圧水槽（画像提供＝国
土交通省江戸川河川事務所）

防災地下神殿に、
一歩足を踏み入れると

　地上から専用階段116段を下りそこに一歩足を踏み入れると、幻想的な大空間にしばし圧倒される[1]。そして屹立する巨大柱に安堵する。ここは、鉄筋コンクリートで構築された調圧水槽。国土交通省関東地方整備局江戸川河川事務所が運営する首都圏外郭放水路（埼玉県春日部市）のメイン施設となる。これまで多くの見学者を受け入れ、いつかしら、"防災地下神殿"と呼ばれ親しまれている。

　埼玉県の中川・綾瀬川流域は、長年洪水や浸水被害に悩まされてきた地域。この広域浸水被害を軽減するため、平成18年（2006年）に、世界最大級の地下放水路・首都圏外郭放水路が誕生した。すでに防災インフラとして人知れず活躍しているが、あまり知られていないそのメカニズムを解きあかしたい。

首都圏外郭放水路のメカニズム

　ひとことで言うと、中小河川から溢れた水を立坑から流入させ、トンネルを通して調圧水槽に導き、排水機場の超高性能ポンプによって大河川の江戸川に排水する。江戸川に排水された水は、やがて東京湾に流れ出る[2]。

　首都圏外郭放水路はいくつかの設備にて構成され、それぞれの役割分担は下記のとおりだ。

・立坑：大落古利根川や中川などの中小河川から、越流堤を通して雨水を取り入れる。上流の第5立坑（内径15m）から、最終的に集水される第1立坑（内径31.6m）まで5つの立坑が直列に並ぶ。

・トンネル[3]：各立坑からの流入水を送り込む地下河川。シールド工法が適用され、国道16号の地下50mに、総延長6.3kmのトンネルが構築された。

・調圧水槽[1]：第1立坑[4]から流れ込む水勢を弱め貯水する。その内空間寸法は、長さ177m、幅78m、高さ18m。59本の巨大な流線形の柱（奥行き7m、幅2m、高さ18m、重さ約500トン）が大空間を支える。

・排水機場：調圧水槽の水を巨大排水ポンプのインペラ[5]で排水樋管に送る。排水ポンプの最大能力は、4台あわせて200㎥/秒で国内最大規模（驚くなかれ、"毎分"ではなく"毎秒"なのだ！）。

・中央操作室：全施設のモニターを揃え、各施設の監視と操作を行っている。

　イラスト[2]を再度参照して、膨大な流

[2] 首都圏外郭放水路のメカニズム（江戸川河川事務所資料より作図）

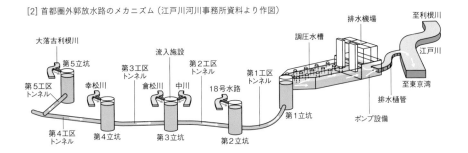

入水が左から右に流れる仕組みになっていることを確認されたい。

中川・綾瀬川流域の総合治水対策

ここで、当該地区に実施された「総合治水対策」の話をしよう。急速な都市化と人口増は、雨水の浸透／保有能力を低下させ、豪雨時にはピーク流量の増大をもたらして周辺低地の浸水被害を拡大させる。このような都市型災害に対処する総合治水対策が、国土交通省から打ち出された。

例えば、埼玉県・東京都の東部に位置する中川・綾瀬川流域は、鍋底低地の地形に人口350万人あまりが居住する都市化の進んだ流域。これまで幾度となく広域浸水被害を経験し、当初から「総合治水対策特定河川事業」に指定されていた。

その総合対策の一環として、地下50m、延長6.3kmを流れる地下河川と世界最大級の排水機場（首都圏外郭放水路）が建設されたのだ。これまで年間稼働率は高く、浸水被害の回避・軽減に大活躍している。江戸川河川事務所の説明によれば、21年間で140回稼働し、これは年平均7回の計算になる。

国土交通省主導による一連の施策は、気候変動の影響による災害の激甚化／頻発化に対処する国土強靱化対策である。

4つの見学ツアーコースが
用意されている

現地では、誰でも参加できる見学ツアーを実施しており、「見どころ満載！インペラ探検コース」「迫力満点！立坑体験コー

[3] 内径10.6mの第1工区トンネル（シールド工法よって施工された）

[4a] この第1立坑に集水した水が、右側の開口部より調圧水槽に流れ込む

[4b] 調圧水槽より第1立坑を望む。正面の開口部より水流が流れ込む

[5] 直径3.8m、5枚羽根の巨大インペラ

（[1][2][4][5]の画像提供＝国土交通省江戸川河川事務所）

ス」「深部を探る！ポンプ堪能コース」「大人気！地下神殿コース」などさまざまなコースが用意されている。いずれも、集合は地底探検ミュージアム龍Q館（機能や役割を学べる併設施設）で、専任の"地下神殿コンシェルジュ"が施設案内する。ぜひとも一度は体験してみてほしい（いずれも有料／予約制）。

　ツアー参加者は、コースによってはヘルメット着用が義務付けられ、長靴が必要（主催者によって用意されている）。なお、緊急時／稼働時の入室は制限される。台風の接近や豪雨が予想されるときも、見学中止もしくは見学範囲の制限がなされる。定期的に調圧水槽の大規模清掃が実施され、このときもツアーは実施されない。

　これら興味ある見学ツアーは、国土交通省の推進する「インフラツーリズム」に呼

応したプログラムでもあり、加えて、地元春日部市（埼玉県）による「かすかべ魅力発信事業」にも取り上げられている。テレビ・映画のロケ地、雑誌や広告の撮影地としても活用されている。

屋外に展示されている面板

龍Q館の正面玄関の近くには、地下トンネル（第1工区）を掘削したシールドマシンの面板（カッターフェイス）が展示されている [6]。このシールドマシンの外径は約12m、掘削用のカッタービットの刃が約700個付いている。すべて本物で、硬い土を掘り進み同時に廃土するメカニズムを実感できるのではないだろうか。

通例、シールドマシンは満身創痍で到達し解体されるのだが、ここでは、"化粧直し"して屋外に展示されている。

首都圏外郭放水路は、"そのとき" に備えじっと待っている

13年の歳月をかけて構築された鉄筋コンクリートの地下防災施設は、非常時には膨大な水量が勢いよく流れ込む、頼もしい地下空間だ。一方、平時での見学会では、静謐な防災地下神殿の威容に仰ぎひれ伏す思いである。複雑なメカニズムで構成される首都圏外郭放水路は、それぞれの施設や機器がOne Teamとなって、（あっては困るが）"そのとき" にじっと備えている。

首都圏外郭放水路

- ●所在地：埼玉県春日部市
- ●着工：平成5年（1993年）3月
- ●供用開始：平成18年（2006年）6月
- ●管理者：国土交通省江戸川河川事務所

[6] 屋外に展示されたシールドマシンの面板（撮影＝著者）

EPISODE **14**

心躍る高速道路のJCTとIC

大地に刻まれたクロソイド曲線を俯瞰する

[1] 首都高速道路 箱崎ジャンクション（東京都中央区）
（撮影＝林直樹）

首都高 箱崎JCTを下から見あげると

　首都高6号向島線と9号深川線の合流地点箱崎JCTは複雑な構造となるが、アーティスティックな道路曲線を下から楽しみたい[1]。マニアの間では、キング・オブ・ジャンクションとして名を馳せる。6本のランプ橋がラーメン橋脚に吸い込まれていくそのフォルムは、"ヤマタノオロチ"の異名をとる。夜の帳が降りる頃、辺りの喧騒は消え、首都高速道路の毛細血管が集約したような構造美が際立つ。

光の「知恵の輪」高尾山IC

　JCT（ジャンクション）やIC（インターチェンジ）といえば、欧米の映画やCMに出てくるクローバー型やトランペット型のレイアウトが思い浮かぶ。かつて、昭和に生まれ育ったエンジニアたちは、その姿に日本の近未来都市を夢みた。

　さて、平成26年（2014年）に竣工した高尾山IC（東京都八王子市）[2a]は、いささか様相が異なる。高尾山IC―相模原愛川IC間の開通直前の航空写真には、複雑怪奇な幾何形状が浮かびたつ[2b]。開通を間際に控えたICが青とオレンジに浮かび上がり、ひときわ鮮やかな光彩を放っている。この感動的ともいえる光のページェントを、当時の読売新聞は、"光の「知恵の輪」"と報じている（2014年6月24日 夕刊）。

[2a] 供用後の圏央道高尾山IC（画像提供＝相武国道事務所）

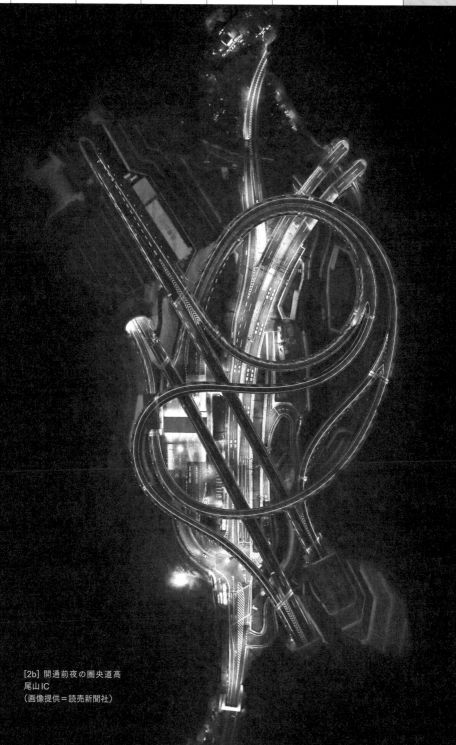

［2b］開通前夜の圏央道高
尾山IC
（画像提供＝読売新聞社）

この複雑に入り組んだICは、[2a]と[2b]との対比により理解することができる。既設の国道20号線に覆いかぶさるように圏央道が建設され、お互いの交通路が組み込まれている。地理的条件や用地取得の制約を受け、マニュアル通りの理想的な幾何形状を描けないことも日本特有の事情だ。大仰な言いようではあるが、天が与えし試練を先進の道路エンジニアリングが克服したのだ。

立体交差の施設用語を復習してみたい

インターチェンジなどの施設用語は普段よく使われるが、道路工学の観点から基本用語を整理してみた。

・立体交差 multi-level crossing
複数の道路や鉄道の平面交差を回避する道路施設。単純に立体化したもの（単純立体交差）および連絡路によりお互いに接続するもの（インターチェンジなど）に大別される。
・IC：インターチェンジ（interchange）
立体交差する道路相互間、または近接する道路相互間を連絡路によって立体的に接続する施設。高速道路利用者にとっては、入口や出口となる。
・JCT：ジャンクション（junction）
高速道路相互を直接接続する交差地点（合流点、分岐点）。料金徴収施設が併設されるICと区別される。
・ランプ（ramp）
ICやJCTなどの道路相互を繋ぐ高低差のある傾斜路。正式名称はランプウェイ。

大地に刻まれたクロソイド曲線

理系学生でも苦手なことが多い代数幾何学（algebraic geometry）が、実はJCTやICの設計に役立っている。安全快適なハンドル操作のため、道路線形の設計にはクロソイド曲線が実装されている。クロソイド曲線（clothoid curve）は緩和曲線とも呼ばれ、ドイツやオーストリアの高速道路アウトバーン（Autobahn）にて導入され発展した（時あたかも、ナチス・ドイツの勃興期でもあった）。

クロソイド曲線は、曲率（道路半径の逆数）が曲線長（走行距離）に比例して増大するもの。直線（曲率＝ゼロ、道路半径＝無限大）から、走行距離に比例して曲率を増大し、やがて円弧に擦り付けるのである。つまり、直線→緩和曲線→円曲線となりカーブする（直線に戻るときは、この逆）。これは、車の速度を一定として、ハンドルを一定の角速度で走行したときに車両が描く軌跡として知られている。ドライバーの安心・安全運転に役立っている。

東西の心躍るJCT

JCTの企画設計に際しては、当然のことながら、基本仕様（どの道路をどのように立体交差／接続するか）、交通容量および地理・地形を勘案することが必要であり、その結果、千差万別のレイアウトを呈する。

ここで、東西のお馴染みのJCTを登場させたい。複雑ではあるが秀麗な機能美を具備するこの大型ジャンクションは、空撮によって視覚的に理解したい。
①東大阪JCT（大阪府東大阪市）
阪神高速13号東大阪線と近畿自動車道の交差分岐。都市型JCTの中では類例の少ないきれいな対称形をなす[3]。近隣に恰好の撮影スポットがあり、土木ファンたちが、JCTのエレガンスを写し出し、発信

[3]上空より俯瞰する東大阪JCT

してくれる。
②横浜青葉JCT（横浜市青葉区）
東西の大動脈・東名高速に設置され、南北
に1.5kmほど延びる大規模なY型JCTを
形成している[4]。周辺の首都高横浜北西
線、国道246号線、第3京浜への接続によ
り、その利便性は格段に向上している。

交通工学にはワクワクと
ドキドキが横溢する

　壮麗なJCTやICは、都市の近未来図で
あったが、全国に高速道路網が行きわたっ
た現代では当たり前の風景になっている
（ここに紹介した施設は、平成期に供用さ

れている）。全国に点在する道路施設の一
つ一つが、当該地の"事情"に合わせた一
品生産の労作だ。国土交通省、高速道路会
社、道路公社等々の主導による道路技術の
開花が、戦後のモータリゼーションを加速・
結実させた。

　再度、代数幾何学や道路工学など大学や
高専の工学教育が、実学エンジニアリング
に応用されていることを強調したい。カー
ナビ画面に描かれるグルグル巻き（なんと
表現したらよいか）を読み取り、道路計画
学の成果として観察したらどうか（ただし、
助手席にて）。

　さて、時代はその先を行く。高度道路交

通システムITSや交通需要マネジメントTDMがすでに始動し、ビッグデータやICT技術との融合エンジニアリングが近未来の道路交通システムを提案する（もはや、ソフトウェアとハードウェアを区別して考えることは、時代に合わない）。

土木工学の老舗ともいえる交通工学（transportation engineering, traffic engineering）の活躍の場は尽きず、そこにはワクワクとドキドキが溢れかえる。スマートIC、ETC2.0、自動運転など、想像するだけでも長生きできる。

[4]上空より俯瞰する横浜青葉JCT（画像提供＝首都高速道路）

環状交差点（ラウンドアバウト）とは

海外でドライブすると出くわすroundabout

環状交差点（ラウンドアバウトroundabout）とは、交差点中央に円形の島を設置し、進入した車両は島に沿った環道を周回し、目的の方向へ出ていく交差点。一方、交差点内に信号機や交通標識がある場合、「ロータリー交差点」と呼ばれる。いずれも、車両速度を低下させるため、安全性の向上と重大事故の回避に役立つ。

ラウンドアバウトでは、信号機や一時停止の交通規制に頼らずに走行することが大きな特徴。通過する各車両は停止することなく交通の流れに乗ることができるが、一方では的確な判断と慣れが必要だ。

環状交差点の運用の3つのポイント

ここで名古屋市における試行運用時の広報に用いられたイラスト図を使って、ラウンドアバウトの3つのポイントを確認したい。
①環道内には徐行して左折進入。このとき環道内を走行している車両が優先する。
②環道内は右回り（時計回り）に走行。できる限り左端を徐行。
③環道から離脱する際は左ウィンカーで合図。離脱をやりそこなっても、周回して再度抜けることもできる。

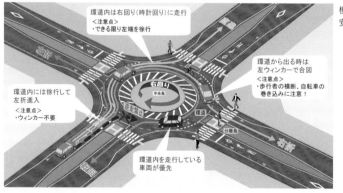

模式図による
安全運用の説明

欧米で実際に体験したが……

著者は、カーナビのない時代に、アメリカ（左ハンドル右側通行／環道内反時計回り）とイギリス（右ハンドル左側通行／時計回り）にて実際に運転したことがある。ときに環道の直径が100m以上のものもあったが、存外緊張感はなかった。

自車と他車がお互いに法令を遵守しマナーを守りながら、自律的に運転しているような感じで、心地よい経験でもあった。信号機を設置しないことは停電時にも支障がなく、コスト削減にも繋がる。

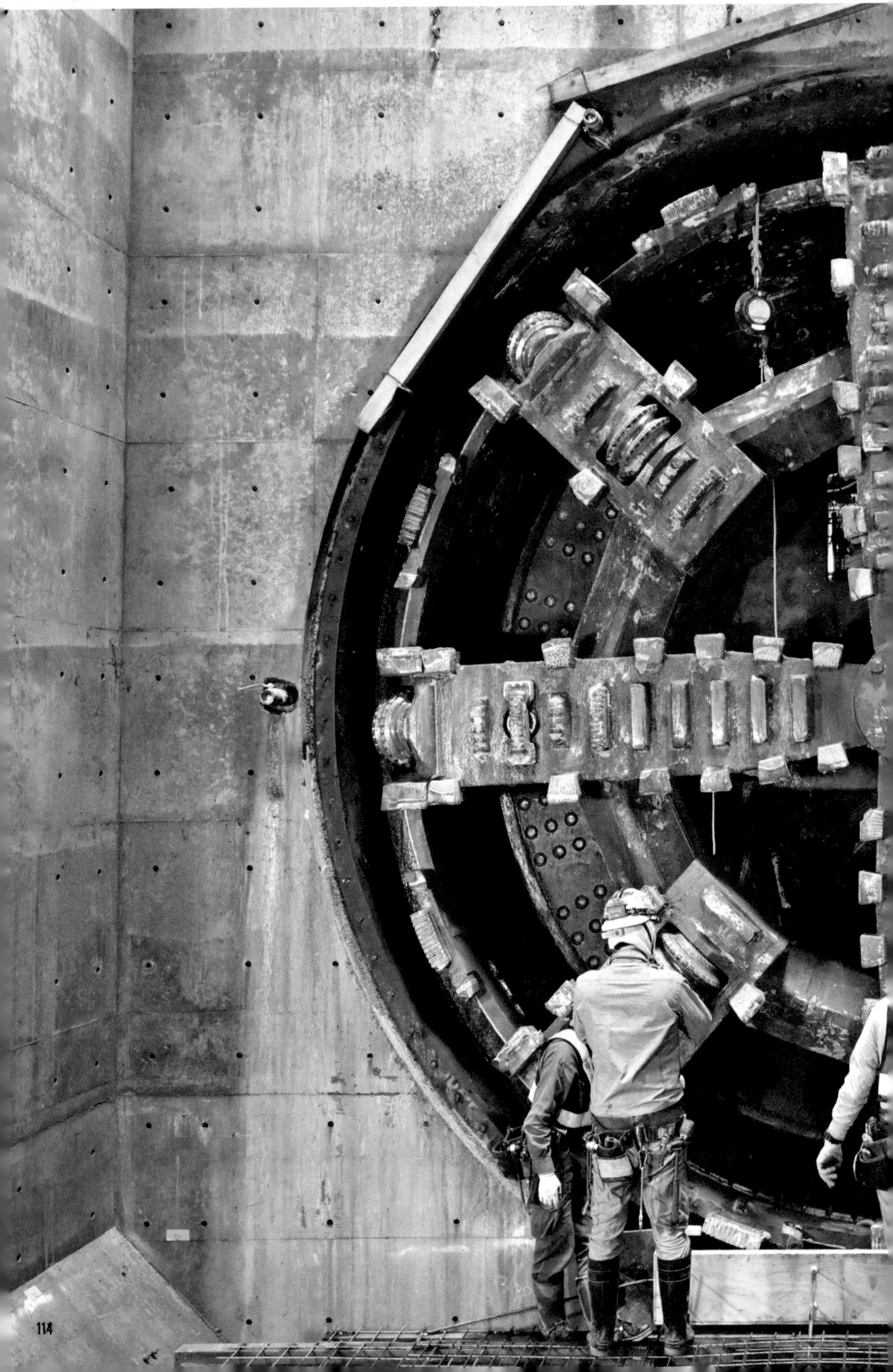

都市トンネル構築技術の王者
シールド工法

メカトロニクスと機械化施工の先兵であり寵児でもある

[1] "お役目ご苦労様" シールドマシン到達の喜び（撮影＝横江憲一、画像提供＝（一社）全国土木施工管理技士会連合会）

シールドマシン到達の喜び

[1]は土木工事写真コンテストの最優秀作品、題して "お役目ご苦労様"。発進立坑から1893mを掘進したシールドマシンが到達立坑に到達し、そのカッターヘッドが設計通りの位置に現れた瞬間だ。トンネル技術者が最も感動し、そして安堵する瞬間でもある。カッターヘッドとは、シールドマシン最前方の部分のことで、まさしく地盤／土砂と格闘する最前線だ。このカッターヘッドには、各施工会社／各工法独自の秘策が隠されている。満身創痍のマシンは "お役目" を終え、やがて解体される。

この写真[1]は、全国土木施工管理技士会連合会 土木工事写真コンテストの第8回最優秀賞作品。投稿者説明と選者・西山芳一氏の選評を再掲する。

投稿者説明：「望月寒川放水路トンネルは、洪水時に望月寒川の河川水を豊平川へ放水する施設で、延長1893m、内径4.8mの泥土圧シールド工法にて施工されています。写真は、シールド機が到達立坑に達した、シールド機のカッターヘッドの面板と作業の方々を撮影したものです。」

選者評：「（前略）なかなか見ることのできないシールドマシンの到達をうまく捉えましたね。人物を入れることによってスケール感をうまく表現し、マシンの今までの仕事を労うかのように見つめる職員や作業員の表情が例え後ろ姿であっても想像できるような素晴らしい作品です。」

さて、都市トンネル構築の常套手段となっているシールド工法（shield tunnelling method）とは何だろう？。これは、シールドマシンと呼ばれる鋼製外筒を持つ掘削機を用い、地山の崩壊を防ぎながら掘削・推進・覆工する工法。昭和から平成期にかけて全国で展開し、地下鉄、道路、電力、下水道、通信、共同溝などに多用された。密閉型シールド工法は都市トンネル工事の代名詞ともなっている。

エンジニアの矜持
重複円形断面・非円形断面の開発

シールドトンネルといえば円形断面が基本であるが、すでに、多種多様の異端児が生まれている。

まず[2]は、多連形泥土圧（DOT）シールド工法と呼ばれ、重複円形断面を掘削するもの。[2a]はDOT工法のシールドマシンの仮組テストの様子で、カッターフェイスに秘密がある。[2b]はこれを現場にて適用し完成したトンネルであるが、2つの円形が中央部で一部重複している。本工法により上り線と下り線を同時に構築することができ、かつトンネル断面の小型化により建設コストを削減することができるなどメリットは大きい。

次の[3]は、偏心多軸（DPLEX）シールド工法による非円形断面（ほぼ四角形）の施工事例。これは、複数の回転軸（[3a]の場合4軸）に設けた平行リンク機構によってカッターを回転させるもの。前面のカッターフレームの形状を変えることで、円形、矩形、楕円形、馬蹄形などの目的に合った任意の断面形状が選定できる。[3b]に示した世界初の四角いシールドトンネルは、平成8年度（1996年度）の土木学会技術開発賞を受賞している。

ICT技術を駆使した
先進のスマートシールド®

シールドマシンは近代の機械化土木施工

[2] 多連形泥土圧（DOT）シールド工法（画像提供＝大豊建設（株））

[2a] シールドマシンの仮組テスト。背景下方に見える紅白幕が出陣を祝う

[2b] 現場にて適用し完成したシールドトンネル

[3] 偏心多軸（DPLEX）シールド工法による非円形断面（画像提供＝大豊建設）

[3a] シールドマシンのカッターフェイス

[3b] 現場にて適用し完成したトンネル（ほぼ四角形）

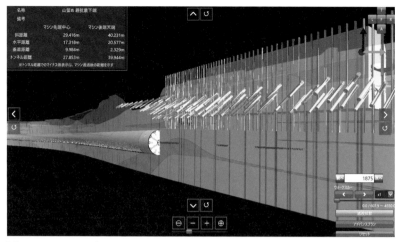

[4] スマートシールドのデジタル機能で、掘進中のシールドマシンを前方より見た画像（画像提供＝安藤ハザマ）

とメカトロニクスの寵児である。さらには、ICT/Information & Communication Technology（情報通信技術）を導入したi-Constructionの事例が次々と報告されている。i-Constructionとは、国土交通省が推進している建設現場にICTを活用しようとする取り組みだ。

ここでは、その一つである「スマートシールド」をウォッチしたい。このスマートシールドは、掘進中のシールドマシン近傍の地盤情報およびマシンの位置情報など掘進情報を取得統合し、それらを可視化／データベース化するシステム [4]。施工管理の省力化・合理化は、シールド工事の生産性向上と安全管理に直結する。

写真 [4] にも見られるが、近接構造物との位置関係を３D情報として把握できることが重要（マシンオペレーターは、切羽や地盤を直接目視することはできない）。地盤中のシールドマシンが刻々変わる地盤（リアルタイム表示）に対応しながら邁進するその姿はなんとも遅しく、そして健気

ではないか。

飽くなきエンジニア魂に敬意を表したい

戦後ヨーロッパから導入されたシールド工法は、1960年代後半～1970年代に密閉型シールド工法が実用化されると、その適用範囲が一気に広がった。多種多様な地盤に対応できる泥水式／泥土圧式／土圧式などが開発され、シールド工法の発展を押し広げた。

来し方を振り返れば、密閉型シールド工法は、メカトロニクスmechatronicsや情報化施工の先兵であるといえるだろう。そして、大断面／高速施工／合理化／大深度化の追求のため、新たなテクノロジーが次々に生まれている。我が国はいまやシールド工法の先進国であり、海外へ進出し実績を積み重ねている。

改めて、事業者、建設会社、重工メーカー、造船会社の飽くなきチャレンジとエンジニア魂に敬意を表したい。

EPISODE **16**

マイナス162℃の液化天然ガスを
貯蔵する巨大魔法瓶

都市ガスと火力発電の燃料LNGの貯槽秘話

K-51 LN

容量 23000

[1] 地上式としては世界最大級のPCLNGタンク（画像提供＝大阪ガス）

液化天然ガスLNGとは？

　昨今、話題となっている「LNG」とは、言うまでもなく「液化天然ガス＝Liquefied Natural Gas」のこと。気体である天然ガスを−162℃以下に冷却し液体にすることにより、体積を気体の約1/600に減少させることができる。

　LNGは、環境負荷の少ない化石燃料。大気汚染の原因となるSOx（硫黄酸化物）が発生せず、NOx（窒素酸化物）やCO₂（二酸化炭素）の排出量も比較的少ない。その用途は、都市ガスまたは火力発電の燃料である。周知のとおり、世界最大級のLNG輸入国日本は、近年さらなる需要が見込まれるが、多くは海外からの輸入に頼らざるを得ない。

　液化による体積の大幅な減少により輸送と貯蔵が極めて容易となる一方、極低温液体の貯蔵運搬には高度なテクノロジーと経験知が必須となる。特に、貯槽施設の漏洩対策、耐震性、火災安全性が重視される。計画／設計／建設／維持管理に際しては、総合的な技術指針である「LNG地上式貯槽指針」または「LNG地下式貯槽指針」（日本ガス協会）に準拠する必要がある。

　LNG貯蔵施設にはいくつかの型式があるが、ここでは大容量貯槽の代表的な地上式タンクと地下式タンクを採り上げて、その貯蔵技術の秘密を解き明かしたい。

地上式LNGタンク
(LNG above ground tank)

　まずは、地上式タンク。[1] は、大阪ガス泉北製造所第一工場に建設されたPCLNGタンクで、平成27年（2015年）に運用を開始している。これは、23万kL（キロリットル）の貯蔵容量を有し、地上式LNGタンクとしては世界最大級の規模（一般家庭の約33万戸分の年間使用量に相当する）を誇る。ここでは、最先端の低温材料や建設時のスリップフォーム工法の採用など、先進の技術が導入されている。

　このような地上式タンク[2]の場合、LNGを貯槽する鋼製タンク（1次容器）、保冷材（断熱材）、および漏液防止のためのPC防液堤（2次容器）にて構成され、多数の基礎杭にて支持される。構造寸法的には、内槽内径87m、防液堤外径90.8m、防液堤高さ43.6mの円筒形構造（＋ドーム式屋根）で、大阪城天守閣が土台の石垣ごと2つすっぽりと入る大空間。

地下式LNGタンク
(LNG inground tank)

　東京ガス袖ケ浦LNG基地は、千葉県袖ケ浦市の臨海部に建設された世界最大級のLNG基地。JERAとの共同基地として、多数のタンクが計画的に配置されている。昭和48年（1973年）、国内初のLNG専用工場として稼働し、現在は、主としてオーストラリア、マレーシア、アメリカよりLNGが輸入され、都市ガスおよび発電用燃料ガスを製造・供給している。

　地下式タンクの場合、周辺地盤の水圧と土圧を受け持つ鉄筋コンクリート製躯体を構築し、内面に断熱材と液密性を保持するステンレス製メンブレンを設置する[3]。タンク底部と側部には、地盤凍結を制御するためヒーターが設置される[4]。

4つのプロセスを経て
製造される都市ガス

　都市ガス製造には4つのプロセスを必要

[2] 地上式PCLNGタンクの構造

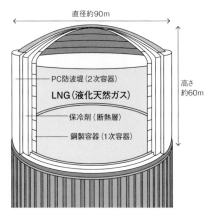

直径約90m

PC防波堤（2次容器）
LNG（液化天然ガス）
保冷剤（断熱層）
鋼製容器（1次容器）

高さ約60m

[4] 地下式LNGタンクの断面構造

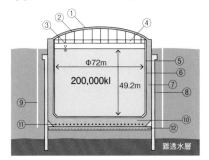

Φ72m

200,000kl

49.2m

難透水層

①鉄筋コンクリート製屋根カバー
②鋼製屋根
③吊りデッキ
④保冷剤（グラスウール）
⑤保冷剤（ノンフロン硬質ポリウレタンフォーム）
⑥メンブレン（SUS304）
⑦側壁（鉄筋コンクリート製）
⑧地中連続壁（鉄筋コンクリート製）
⑨側部ヒーター
⑩底版（鉄筋コンクリート製）
⑪底部ヒーター
⑫砕石層

[3] 地下式LNGタンクの内部構造。側壁のメンブレンが光って見える（画像提供＝東京ガス）

とするが、LNG基地[5]（東京ガス／JERA）を例にとり、概略を示したい。

①LNGタンカーの受入バース

沿岸の専用バースにLNGを積載したLNG船が着桟し、アンローーディングアームと呼ばれる特別な荷揚げ設備により陸上へ荷揚げされる。

②LNG地下タンク

荷揚げされたLNGは液体のまま、大容量地下タンクに貯蔵される。−162℃の超低温に耐えるために、タンク内面には特殊な保冷材が施され、周囲の土壌は凍結防止の工夫がなされている。

③オープンラック式気化器（ORV）

アルミ製パイプにLNGを流し、外側から海水をかけてLNGを気体に戻す。

④熱量調整と付臭

LPG（液化石油ガス）を加えることにより所定の熱量に調整。付臭設備で都市ガス特有の臭いを付けた後、ガス導管にて供給される。

　さて、火力発電の燃料と都市ガスの原料として欠かせないLNGは、昨今のエネルギー事情と国際情勢のめまぐるしい変動の中、ますますその重要性が増している。LNGの製造（液化）／外航運搬／大容量貯蔵／再気化などについては、多種多様の先進技術を必要とし、我が国の事業者やエンジニアが縦横無尽の活躍をしていることも強調したい。

[5] 世界最大級の東京ガス袖ケ浦LNG基地　（画像提供＝東京ガス）

海に浮かぶ巨大船 グラブ浚渫船と起重機船

世界最大のグラブ浚渫船「五祥」
（画像提供＝ KOJIMAGUMI）

ジブ俯仰式起重機船「第50吉田号」
（画像提供＝ YOSHIDA GC）

　近年の海洋プロジェクトでは、先進機能が搭載された大型の工事用船舶が、安全かつ迅速な大規模工事をサポートしている。工事用船舶といえば、たとえば、浚渫船（浚渫：港湾や河川の水底土砂を泄い取り去る土木工事）、起重機船（重量物の吊揚げ／吊下げを行う作業船）、自己昇降式作業台船（昇降が可能な作業台船で、SEPの略称で知られる）、などが思い浮かぶ。

　ここでは、見た目からも頼もしさが滲みでる2つの工事用船舶を紹介したい。

ギネス世界記録に公式認定されたグラブ浚渫船「五祥」

　グラブ浚渫船「五祥」（小島組保有）は、世界最大のグラブバケット（土砂をつかみ取り排土する鋼製容器）を有する浚渫船。ギネス認定書では、正式記録名／LARGEST GRAB DREDGER（世界最大のグラブ浚渫船）、認定記録／グラブバケット（容量200㎥）などが記されている。

　一度に、最大200㎥もの土砂を海底からつかみとり引き揚げるが、これは、航路／泊地の水深を保つための浚渫や海上施設の基礎の床掘に威力を発揮する。近年は国外での業務が増え、"海外出張中"が長く続いているとのこと。

非自航ジブ俯仰式起重機船「第50吉田号」

　最大高低差102m、巻上荷重3700トンの高性能を誇る第50吉田号（YOSHIDA GC保有）は、まさしく海の上の力持ち。加えて、水面上30mまでジブ（肘＝アーム）を倒して橋桁下を通行することができ、また厳しい海象条件に対応した係留が可能だ。

　画像を見てみると、これは、今話題の洋上風車の機器を取り扱っている。洋上風力発電施設（着床式と浮体式がある）は、今後数兆円の市場規模に成長が見込まれる分野であり、次世代に向けたワンショットでもある。

　我が国の海岸線延長は約3万5000kmにも及び、世界第6位となる海洋王国。そこで培われた海洋工事技術が、すでに海外展開していることは言うまでもない。

長部高架橋

EPISODE 17

やじろべえ工法が大活躍する
高架橋の建設

日本のお家芸となった架橋技術「片持ち張出し施工」

[1] 復興道路の建設を支援する
やじろべえ工法（三陸沿岸道路）
（画像提供＝読売新聞社）

復興道路を支援するやじろべえ工法
三陸沿岸道路

　戦後、ヨーロッパから導入されたPC橋（prestressed concrete bridge）は我が国において大きく発展し、鋼橋とも併せ道路橋や鉄道橋などのインフラ整備の主役となっている。一方では、山あり谷ありの日本の地勢に合わせた長大橋の架設工法も多く試みられた。例えば、片持ち張出し架設工法（cantilever erection system）は、高度なテクノロジーを必要とする一方で、華やかな橋梁架設技術であり、施工中の橋梁を見上げるだけでも勇気が湧いてくる。

　写真[1]は、三陸沿岸道路の取材記事（読売新聞：2015年11月11日）にて紹介されたもの。どっしりとした橋脚の下部構造ができあがり、両翼を左右均等に広げている。このような工法は、左右の延伸のバランスをとりながら施工を進めるもので、"やじろべえ工法" の愛称で呼ばれ、期間限定の写真映えスポットともなる。

　三陸沿岸道路は、青森県八戸市と宮城県仙台市を結ぶ総延長359kmの道路。おもに高架橋と盛土造成により自動車専用道路となり、有事には住民の避難施設ともなる。写真[1]は、震災復興道路の開通を待つ地域住民の期待を一身に背負って建設が進むひとときの姿である。次の週には両翼はさらに延伸し、この景色は二度と見られない。

やじろべえ工法見参！
徳之山八徳橋と芝川高架橋

　1950年代〜1960年代、西ドイツ、フランス、オーストリアにて流行していた「片持ち張出し架設工法」は我が国にも導入され、平成期には日本のお家芸、やじろべえ

工法として大活躍している。ここでその適用事例として、2橋の架設中と竣工時の写真をセットでご覧いただきたい。

　写真[2]と[3]は、徳之山八徳橋（岐阜県）の適用事例。[2]は張出し架設工法による建設中の画像で、移動作業車（ワーゲン）が橋脚上部から左右にバランスを取りながら橋桁を延ばしている。隣の橋脚からもワーゲンが延伸し、やがて支間中央にて両ワーゲンが合体し橋桁が閉合する。その後、橋面工などを経て完成となる[3]。

　次の事例は、芝川高架橋（第二東名高速道路）の場合で、同様に[4]にて張出し架設工法による建設が進み、[5]が高速道路上下線の竣工写真である。

下部工とは？　上部工とは？
橋長と支間は違う？

　ここで、[6]を参考に橋梁の基本講座をしてみたい。このイラストは、独立した単径間の3橋（桁橋／トラス橋／桁橋）にて構成される橋梁を模式的に示している（橋長と桁長の違いを確認されたい）。橋梁全体は、上部工 superstructure（主桁と車両や鉄道を直接受けるもの）と下部工 substructure（上部工を支え、その荷重を基礎や地盤に伝えるもの）に大別される。

　模式的に示した上部工[6]のうち、右スパンと左スパンに図示した桁橋（girder bridge）は最も基本的な橋梁形式で、断面形状によりⅠ型、Ｔ型、ボックス型などがある。中央に図示したトラス橋（truss bridge）は、鋼橋の代表的な橋梁構造で、ワーレントラス、プラットトラスなど欧米の発案者名を冠した形式が多い。

　下部工は、主に橋台（abutment）または橋脚（pier）があり、基礎の形式は、（道

[2] 徳之山八徳橋。移動作業車がそれぞれの橋脚から左右均等に延伸している（画像提供＝オリエンタル白石）

[3] 徳之山八徳橋の竣工後の全景（PC3径間連続エクストラドーズド箱桁橋）（画像提供＝オリエンタル白石）

[4] 芝川高架橋。移動作業車がスパン中央部まで延伸している（画像提供＝オリエンタル白石）

[5] 芝川高架橋の竣工後の全景（PC多径間連続ストラット付箱桁橋）（画像提供＝オリエンタル白石）

[6] 橋梁の基本構造（画像提供＝webサイト「土木LIBRARY」を参考に作成／元図作者：谷口理美）

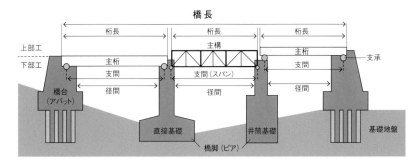

路橋の場合）直接基礎、杭基礎、ケーソン基礎、井筒基礎、地中連続壁基礎のように分類できる。

　橋梁寸法の基本である橋長（bridge length：橋梁全長）、桁長（girder length）、支間長（span length：支承から支承までの距離）は微妙に異なり、再度イラスト[6]にて確認されたい。近年の長大化競争は、橋長ではなくこの支間長によって競われることが多く、構造形式別にランキングが公表されている。

近代橋梁の空中戦工法 そのメリットは？

　張出し架設工法の最大のメリットは、足場や支保工など地上設備を必要とせず、施工できることである（つまり地上用地を阻害しない）。個人的には、"近代橋の空中戦工法" とネーミングしている。設計と施工の両面にて高度な技術力と経験知を積んだ日本のエキスパートたちはアジアに市場を広げ、海外の橋梁工事を主導している。

　ここに紹介した2橋の橋梁形式は異なることを付記したい。徳之山八徳橋の場合、中央支間220mのPC3径間連続エクストラドーズドラーメン箱桁橋であり、芝川高架橋はPC多径間連続ストラット付箱桁橋だ。ともに、今世紀にて開花した最先端橋梁工学の "申し子" でもある。

　さて、約2年にわたる空中戦法を制した花形橋梁は、すでに供用されている。1年365日24時間怠りなく、粛々とその役目を果たすこれらの橋は、これから100年にわたる供用がミッションとして課せられている。

- -

徳之山八徳橋
- -
- ●所在地：岐阜県揖斐川町
- ●発注者：水資源機構 徳山ダム建設所
- ●形式：PC3径間連続エクストラドーズド箱桁橋
- ●橋長：503m
- ●支間割：139.7m ＋ 220.0m ＋ 139.7m
- ●竣工：平成18年（2006年）
- ●受賞：PC技術協会作品賞

- -

第二東名高速道路 芝川高架橋
- -
- ●所在地：静岡県清水市
- ●事業体：NEXCO中日本（当時 日本道路公団）
- ●形式：PC多径間連続ストラット付箱桁橋
- ●橋長：461m
- ●支間割：68.5m ＋ 3 ＠ 108.0 m ＋ 68.5 m
- ●竣工：平成16年（2004年）
- ●受賞：土木学会田中賞作品賞、PC技術協会作品賞、土木学会デザイン賞優秀賞

EPISODE **18**

ヨーロッパを陸続きにした
鉄のモグラ

ユーロトンネルを掘り抜いた日本製TBM

WELCOME

[1]1991年、英仏海峡海底鉄道トンネルT2が貫通した（画像提供＝地中空間開発株式会社）

WELCOME "EUROPA" BIENVENUE
ようこそヨーロッパへ

　平成3年（1991年）5月22日、欧州大陸とイギリス本島を結ぶ英仏海峡海底鉄道トンネルの1本が貫通した[1]。その瞬間坑内に歓声はあがり、そして記念撮影。TBMのカッターフェイスによじ上る作業員も。偉業を成し遂げたエンジニアたちの誇らしげな記念写真だ[2]。

　貫通を祝って、覆工リングにそって看板が掲げられた。「WELCOME "EUROPA" BIENVENUE」。WELCOME は英語、"EUROPA" BIENVENUEはフランス語にて、「ようこそヨーロッパ」。その両側に両国の国旗がある。

　20世紀末、ヨーロッパに巨歩を印した大プロジェクトには、次のような説明がなされている。「いまから約4,000万年前の氷河期に分断されたまま、永らく海を隔ててきたヨーロッパ大陸とブリテン島をふたたび陸続きにするという、ナポレオン以来の200年におよぶ壮大な夢を実現させたのは、いわゆる「鉄のモグラ」といわれた川崎重工の2基のトンネル掘削機（Tunnel Boring Machines, TBM）であった。」

　そして、平成6年（1994年）11月14日、国際列車ユーロスター（Eurostar）が華々しく開業し、イギリスとヨーロッパ大陸が結ばれた。

鉄のモグラTBMの威力

　ユーロトンネルの掘削工事でヒーローとなった「トンネルボーリングマシンTBM」とは、地盤や岩盤中を巨大なカッターヘッドで掘削し、支保するトンネルマシン。日本から直輸入された川崎重工製2基のTBMが、フランス側の鉄道用トンネルT2、T3に投入された。

　[3]は日本国内での仮組立と試運転であり、いわばTBMの出陣式でもある。そして、現地に到着するや、海面下100m、海底下40m、10気圧のもとで掘進が敢行された。さまざまな困難を克服し、結局は予定より早く掘りぬいたのだ。TBMの最大月進1200m（おそらく世界新記録であろう）を樹立したことも記されている。

　文献によると、本プロジェクトに際して、青函トンネルを成功させた日本技術陣が現

[2] 英仏海峡海底鉄道トンネルの開通に沸く坑内
（画像提供＝地中空間開発株式会社）

[3]現地搬入前の仮組立と試運転を終えたTBM（川崎重工・播磨工場）（画像提供＝地中空間開発株式会社）

地に赴き、数々の先端技術と経験知を注ぎ込んだと記されている。

青函トンネルvs. ユーロトンネル

　改めて説明すると、ユーロトンネルは、イギリスのフォークストーンからフランスのカレー付近に至る延長50kmの鉄道用施設。その構造は、写真[4]のように単純ではない。両側に鉄道用トンネル上り線と下り線（ともに内径7.6m）が平行に設置されている。両トンネルの間に保守、点検、緊急用のサービストンネル（内径4.8m）があり、これらを横断する連絡横坑やダクトが付帯されている。

　海底鉄道トンネルといえば、我が国の青函トンネルを登場させたい。北海道と本州を結んだ青函トンネル[5]は、昭和63年

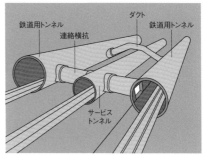

[4] ユーロトンネルのレイアウト
（ASCE Monuments of the Millennium をもとに作図）

（1988年）、津軽海峡線として開業している先輩格である。世界の２大鉄道海底トンネルを比較することは興味深い[6]。

ユーロスター初体験

　EU統合の象徴として1994年に開業し

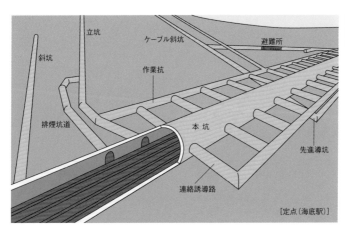

[5]青函トンネルの構造（JR北海道提供資料をもとに作図）

立坑　ケーブル斜坑　避難所
斜坑
作業抗
排煙坑道　本坑
先進導坑
連絡誘導路
[定点（海底駅）]

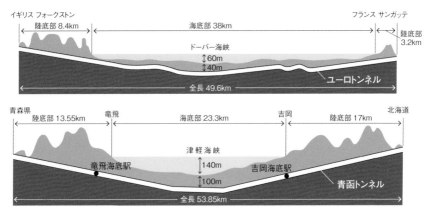

イギリス フォークストン　　　　　　　　　　　　　　　　　フランス サンガッテ
陸底部 8.4km　　　　　　海底部 38km　　　　　　　陸底部 3.2km
ドーバー海峡
60m
40m
ユーロトンネル
全長 49.6km

青森県　　　　竜飛　　　　　　　　　　吉岡　　　　　　北海道
陸底部 13.55km　海底部 23.3km　陸底部 17km
津 軽 海 峡
竜飛海底駅　140m　　吉岡海底駅
100m
青函トンネル
全長 53.85km

[6] ユーロトンネル（上）と青函トンネル（下）の縦断面による比較（青函トンネル記念館所蔵資料をもとに作図）

た高速鉄道ユーロスターの運用は、すでに四半世紀が経過。2016年にはアムステルダム（オランダ）までの運行が開始し、イギリス、フランス、ベルギー、オランダを結ぶ西ヨーロッパの主要な鉄道施設となっている。最高速度300km/hで走行し、主要都市（ロンドン—パリ間：2時間15分、ロンドン—ブリュッセル間：1時間50分）を高速で繋ぐ。

さて、アムステルダムへの新路線開通を機に、2018年春、家族旅行でロンドン発ブリュッセル行に乗車した。ロンドンのセントパンクラス駅を始発し、ワクワク感おさまらぬうちに英仏海峡海底トンネル通過のお知らせがあり、車内モニターにトンネル縦断面が掲示された。日本人として何とも誇らしい気分で、日本企業の偉業を周りのEUの人たちに伝えようかと、あたりを見渡した。が、思いとどまり、まずは家族に講釈した。「日本のTBMって凄いんだ！」

COLUMN 8 | 都市の成長を支援するアンダーパス工法

東京外環自動車道 京成菅野アンダーパス工事の様子　　アンダーパス全景：世界最大級断面の道路函体

「アンダーパスunderpass」とは

　既存の交通施設（道路、鉄道）の直下に構築する地下道路や共同溝のこと。多くの場合、道路や鉄道の下にもぐり込む地下立体交差を非開削工法で施工するもので、成長する都市部やその近郊では、多くの事例を見ることができる。

　通常営業している道路や鉄道の直下での施工になり、安全確保と工期短縮が重要課題だ。このため各種の革新的な工法が発案され、実績を積み重ねている。例えば、アンダーパス技術協会の公式HPによれば、R&C工法、SFT工法、FJ工法、ESA工法などがあり、それらの工法の特徴とメカニズムが、実施例とともに紹介されている。

東京外環に現れた巨大鋼製函体（ボックスカルバート）

　ここでは、R&C工法（Roof & Culvert Method）により大規模ボックスカルバートを構築した「東京外かく環状道路京成菅野駅アンダーパス」に登場してもらおう。

　施工手順としては、まずは、箱形ルーフにより通常営業する京成電鉄本線の直下周辺を防護する。その後、本構造物となる道路函体（ここでは、鋼製のボックスカルバート）を構築し、次工程として函体を引き込む。再度、工事中も直上の鉄道営業を妨げないことがR＆C工法の特徴だ。

　出来上がった道路函体は、6階建てビル規模の高さ18.4m、幅43.8mの世界最大級の断面となり、写真からその威容がこちらに伝わる。そして、東京外環が開通すれば、このような光景は二度と見ることができない。利用者としてここのどこかを通過することになる。当プロジェクトは、日本建設業連合会 第2回土木賞（土木構造物の施工プロセスを重視する新たな表彰）を受賞している。

　鉄道であれ道路であれ、立体交差部の上部施設と地下部を同時に新設するのであれば、あるいは、上部路線の営業を完全にストップして施工するのであれば、このようなアンダーパス工法は必要ない。休みなく成長する都市を増幅するため、先進のアンダーパス工法が活躍する日々は続く。

（画像提供＝アンダーパス技術協会）

**環境造形 カッターフェイス
（千葉県木更津市）**
アクアトンネルを掘削したシールドマシン（直径14.41m）のカッターフェイスが鎮座する「海ほたる」。かつての巨大マシンの最前面は島（護岸式人工島）に上がり、写真映えスポットとして人気を呼ぶ（撮影＝林直樹）

第4章

土木はもはやアートである！

EPISODE

19-22

大地に根を張る土木施設は、ときにアートと化し、"魅せる土木"を展開する。
登場する各EPISODEには、社会インフラを超えた"何か"がある。
理屈抜きにそのフォルムを愛おしみ、そして慈しむことが大切だ。
Doboku is so cool & beautiful!

EPISODE **19**

トンネルはアートの聖地だ！

アートと化した3つのトンネルを訪ねて

[1] 清津峡渓谷トンネル「Tunnel of Light」（マ・ヤンソン／MADアーキテクツ）Photo by Nakamura Osamu （画像提供＝十日町市観光協会）

渓谷トンネルがアート作品に変容
Tunnel of Light マ・ヤンソン

　荒々しい渓谷美と幾何学的な柱状節理が、登山者を魅了する清津峡渓谷。この地に、平成初期より歩道トンネルの建設が開始され、時を経て平成30年（2018年）、現代美術の実験場として再生した。「大地の芸術祭 越後妻有アートトリエンナーレ2018」にて、芸術作品「Tunnel of Light」が広くお披露目された。

　全長750mのトンネルを外界から遮断された潜水艦に見たて、外を望む潜望鏡として3つの「見晴所」[2] [3]と「パノラマステーション」[1]などにて作品を展開する。

[2] Tunnel of Light 第二見晴所「Flow」（撮影＝著者）

[3] Tunnel of Light 第三見
晴所「しずく」(撮影＝著者)

[4] MOA美術館 本館へ誘う光のトンネル（撮影＝著者）

　特に、終点のパノラマステーション（ライトケーブ光の洞窟）は味わい深い。半鏡面仕上げのステンレススチールがトンネル壁面を覆い、外界の岩石、鮮やかな緑、湧き出る青緑色の水を閉じられた空間に引き込む。底盤に張られた浅い水盤に、外界の自然と訪問者が一緒くたに投射される[1]。

MOA美術館に誘う
グラデーションのトンネル

　熱海の高台にあるMOA美術館は、エントランスから本館まで約60 mの高低差があり、長い7基のエスカレーター（行きは上り、帰りは下り）が訪問客を丁重に出迎える。さらに、エスカレーターの壁面と天井に、色彩のグラデーションが踊り出すサプライズが待っているのだ[4]。

　エスカレーターの乗り継ぎには、いわば回廊の踊り場があり、直径20 mの円形ホールが待っている。大天井には、日本最大級のマッピング万華鏡が煌めく[5]。

　総延長200 mのエスカレーターは、トンネル内におさめられている。トンネル工学で言えば斜坑（それもかなりの急勾配）。どうやって造ったのか？。建設に際しては、自然環境への配慮からオープンカット方式を採用し、山の斜面から掘り下げてトンネル構造物（この場合はエスカレーター）を設置。完成後に掘り下げた地盤を土で埋め戻し、木を植え、元通りの山腹に復元（この時点でトンネルとなる）したとのこと。

巨大フィルダムの見学ツアーでは
イルミ輝く監査廊がお迎えする

　七ヶ宿ダムは、阿武隈川総合開発の一環として建設された巨大ロックフィルダム。

[5] MOA美術館 円形ホールの天井に投影される万華鏡（撮影＝著者）

洪水の調節、流水の正常な機能維持、かんがい用水・水道用水など多目的ダムとして機能する。

　宮城県内最大級の規模を誇る巨大ダムの見学ツアーでは、ダム本体、展示室、洪水吐、ダム湖の噴水船、など見どころ満載だが、ここでは光輝く監査廊を案内したい[6]（監査廊とは、ダム堤体内に構築された検査用トンネル通路）。

　その監査廊内にはLEDのイルミネーションランプが約7000個施されている。そして、ツアーガイドの解説のもと点灯されると、いつもの検査用トンネルがブルートンネルに変貌する。見学順路に従って、いくつかのイルミネーションが設置され、さながら青の洞窟と化した幻想的な監査廊がおもてなしする。見学者を飽きさせない工夫がなされているのだ。

清津峡渓谷トンネル

● **所在地**：新潟県十日町市
● **管理者**：清津峡渓谷トンネル管理事務所
● **施設の歴史**：平成8年（1996年）開坑、平成30年（2018年）「大地の芸術祭　作品」としてリニューアル、令和3年（2021年）第二見晴所を作品追加

MOA美術館

● **所在地**：静岡県熱海市
● **施設概要**：岡田茂吉の収集品を収蔵・展示する美術館。熱海の高台に立地し、館内や屋外には、魅力ある様々な施設や展示物が揃う。
● **運営**：公益財団法人岡田茂吉美術文化財団

七ヶ宿ダム

● **所在地**：宮城県刈田郡七ヶ宿町
● **管理者**：国土交通省七ヶ宿ダム管理所
● **ダム形式**：中央コア型ロックフィルダム
● **堤高／堤頂長／堤体積**：90m／565m／510万㎥
● **着手／竣工**：昭和56年（1981年）／平成3年（1991年）

[6]七ヶ宿ダムの光輝く監査廊。上／通常のライティング。下／ブルートンネルに変幻（撮影＝著者）

七ヶ宿ダム

ダムカード＆マンホールカードを集めよう

ダムカード：栃木県板室ダム（栃木県農政部）（画像提供＝那須農業振興事務所那須広域ダム管理支所）※板室ダムのダムカードは、深山ダムにて配布

秋田県大仙市のマンホールカード（画像提供＝大仙市上下水道局下水道課）

高知県香南市のマンホールカード（画像提供＝香南市上下水道課）

「ダムカード」の見方と楽しみ方

　国土交通省と水資源機構では平成19年（2007年）より「ダムカード」を作成し、カードの統一基準を設定している。都道府県や発電事業者が管理するダムにも広がり、全国的な盛り上がりをみせている。

　カードの表と裏にはダム情報＋αが記載されているが、例えば、ダムの目的とダムの形式については次のような記号で分類している。

　ダムの目的（表面右上）は、F＝洪水調節、N＝河川の正常な流量維持、W＝上水道、I＝工業用水、A＝灌漑用水、P＝発電を意味する。また、ダムの型式（表面右下）は、G＝重力式コンクリートダム、HG＝中空重力式ダム、A＝アーチ式コンクリートダム、R＝ロックフィルダムだ。これら各英記号は、F=Flood洪水調節、G＝Gravity Dam重力式コンクリートダムなど英語で覚えるとよい。現地にてダムカードを受け取り、カード情報と比較しながら見学すると充実度が倍加する。

「マンホールカード」と下水道広報プラットホーム

　下水管の維持管理のためマンホール（人孔 manhole）が設けられているが、その蓋のデザインがことのほか熱い。下水道施設のうち唯一人目に触れるマンホールの鋳鉄製蓋には、地域、文化、歴史、行事が精妙に彫り込まれている。平成28年（2016年）には「マンホールカード」が登場し、さらなるマンホーラーを生みだしている。例えば、高知県香南市の場合、観光PRマスコット「こーにゃん」と、のいち動物公園の「ハシビロコウ」、秋田県大仙市では夏の風物詩「大曲の花火」が描かれている。

　下水道広報の情報交流と連携の母体として設置された「下水道広報プラットホーム（GKP）」が、マンホールカード発行要領に基づく登録制度を設け、既発行のカードを紹介している。同サイトには登録されたマンホールカードが一覧化され、デザインされた絵柄は、地域への愛着と誇りを象徴している。

[1] 北海道室蘭市「白鳥
（はくちょう）大橋」

EPISODE **20**

星降る橋の魅惑
—
天空の星を戴く陸標には
ショパンのノクターンがお似合い

橋たちにショパンの
ノクターンを聞かせたい

夜の静寂の中で満天の星と邂逅する橋たちに、ショパンのノクターン（夜想曲）を聞かせたい。それは1年365日閉店のない土木施設へのリスペクトであり、人類が何世代にもわたりお世話になる返礼でもある。ここに紹介する選りすぐりの"星降る橋"[1]〜[5]は、社会インフラとして与えられた任務を遂行する一方、地域の道標（ランドマーク）として長きにわたり鎮座し、ときに満天の星を浴びる。星降る橋を心底味わってもらいたい。

星の光跡を追跡する「星グル写真」

「星グル写真」なるカメラテクニックが、数十年にわたる供用をミッションとする橋梁たちの存在感を浮き彫りにしている。

撮影には1回のシャッター（長秒露光）で撮る方法もあるが、途中で予期しない光が入ってくるなどリスクが大きい。もう一つは、連続で撮った複数枚の写真を合成する方法。星の日周運動（1日1回転）による光跡を「比較明合成」（いわゆるコンポジット）等の技法で表現する。この場合、1枚の写真のシャッター速度は、星を点像で撮る必要はない（枚数が多くなってしまう）ので、一般的なカメラでは最長の30秒になるような露出設定を行うことがポイント（島村直幸氏談）。

土木インフラ100年時代の維持管理

橋たちは、本来の社会インフラ（道路橋、鉄道橋、歩道橋、水管橋 etc.）として年代を重ねるうちに地域の原風景となり、土木遺産の栄に浴することも。そして、その姿は写真家の恰好のターゲットともなる。

[2]岩手県田野畑村「思惟花笑み大橋」宇宙のベンチマーク（第9回土木工事写真コンテスト優秀賞）
（撮影＝白間正人、画像提供＝（一社）全国土木施工管理技士会連合会）

[3] 福岡県東峰村「栗木野橋梁」。全長71.2m、高さ20mの多連アーチ橋。橋齢85年の日本一美しい鉄道橋が満天の星を浴びる（撮影＝島村直幸）

[4]埼玉県秩父市「秩父ハープ橋」。PC斜張橋の一本柱の主塔が星空へ届かんばかりに背伸びする（撮影＝依田正広）

[5] 満天の星を浴びる世界最大級の鉄道道路併用橋「瀬戸大橋」（岡山県倉敷市・香川県坂出市）

　願わくは、当初の剛健かつ秀麗なフォルムを維持してもらいたいが、それもままならない。社会インフラの維持管理（いわゆるメンテナンス）の重要性が叫ばれて久しい。当初の耐用年数を超えた老朽化も気になるところだ。鋼橋であれば疲労亀裂（きれつ）と鋼材腐食や塗装劣化、コンクリート橋ではひび割れと鉄筋腐食が主たる変状要因として挙げられる。劣化に至る因果関係やメカニズムはほぼ解明されているが、その具体的な対処手法（診断、補修、補強 etc.）となると、未だ議論百出（ひゃくしゅつ）と言わざるを得ない。土木インフラ100年時代にあたり、本来の設計性能（design performance）に、機能美と地域の愛着を追加することはできないだろうか。

【後日談】何番のノクターン？

　「橋たちにショパンのノクターンを聞かせたい」。なかなかのキャッチコピーを思いついたと浮かれ、SNSに投稿した。ほどなく、"何番のこと？"なる書込みが入り、「あれ、ノクターンってそんなにあるの？」とあわてて調べたところ、ピアノの詩人ショパン Chopin は、20曲ほどのノクターンを世に出していた。聞き比べた結果、"橋たちに捧げるノクターン"は、有名な第2番が相応しいと素人ながら感じた次第。

　傑出した写真家の感性とテクニックから写し出される "星降る橋" たちのひとときの安らぎ。太陽系第3惑星の天体運動と一体になった橋梁の叙事詩をご堪能あれ。

COLUMN 10 | コンクリートでアートしよう

デザイナーズコンクリート倶楽部

コンクリートやモルタルは可塑性に優れ（型枠に流し込んでどのような形にも造れる）、かつ安価で入手しやすい（DIYショップで買える）ことにより、アートの素材ともなっている。"質感、重量、肌触りがアート向き"の声も聞く。

webサイト「土木ウォッチング」では「デザイナーズコンクリート倶楽部」と銘打って、クラフト作品やアート作品を集めた。これは、また非構造材としての利用・活用であり、残コン・戻りコンの再利用にもつながる。

多くのエンジニアやコンクリートファンの方々よりの賛同を得て多くの作品を集めたなかから、ここにいくつかを紹介したい。

「Colorful Concrete」
（作品制作＝東北職業能力開発大学校 建築施工システム技術科 佐藤重悦）
左下黒から時計回りに「黒・赤・緑・黄・青・白」の6種の鮮やかな「Colorful Concrete」が勢揃い。ホワイトセメントを使用し、無機質系の顔料で着色したことがポイント。JIS規格で用いる強度管理用円柱供試体（直径10cm、高さ20cm）を輪切りにしたスライスコンクリートである。切断面には、粗骨材（砕石や砂利）がランダムに散らばり、同じものがない"一点もの"となる。コースターとして使えるが、アート作品として見てみたい。（画像提供＝佐藤重悦）

「ダクタルが奏でる "みらい" の響き」
大成建設土木技術開発部
第2回コンクリートアートミュージアム出展作品
（コンクリート工学年次大会2005）
出展者コメント（抄出）「次世代を造る新素材ダクタルを使うコンクリートの鐘を製作。鋼材に匹敵する強度を有し、靭性にも優れ、耐久性も高く、優れた性能を持った超高強度繊維補強コンクリートの鐘が、コンクリート技術の「みらい」の響きを演出します。」（撮影＝著者）

「Concrete Hands：床置き式ドアストッパー」
（作品制作＝旧武蔵工業大学土木工学科）
両手の形をコンクリートで再現した床置き式のドアストッパー。型枠代わりの軍手にコンクリートを詰め、硬化後に軍手を剥ぎとる。矩形の架台を付ければ、クラフト作品「Concrete Hands」の出来上がり。実習や研究にて余ったコンクリート（残コン）を使って制作した。激しいドアの開け閉めに右手小指が切断されたが、瞬間接着剤にて容易に補修できた。（撮影＝著者）

EPISODE 21

有限要素法の美学：
Structural Aesthetics in FEM
—
サイバー空間に映し出された土木のアート

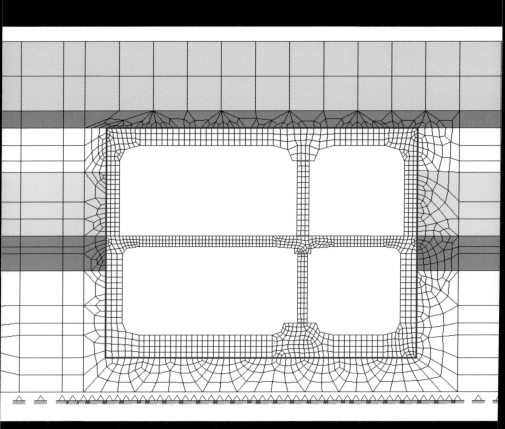

地下鉄駅の2次元非線形動的解析

　上下2層構造の地下鉄駅（鉄筋コンクリート製のボックスカルバート構造）とその周辺地盤をモデル化したもの。左が常時の状態（自重や土圧が作用）で、右が地震荷重により激しく横揺れしている状態。いわゆるラーメン構造による、地震時水平抵抗機構を視認することができる。

　平常時では、この空間に乗降客と走行列車を包み込むが、地震が襲来すれば一転して激しい横揺れにボックスカルバートは抵抗する。RCラーメン構造として健気に耐え忍ぶ姿が手に取るように分かる。加えて、（欠陥や劣化により）構造耐力が不足してる場合、あるいは想定以上の地震が襲来した場合など、"あってはならない状況" をもパソコン上でシミュレートすることができる。

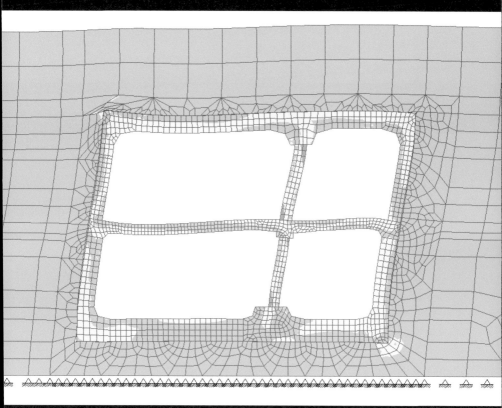

（画像提供＝（株）フォーラムエイト）

有限要素法FEMが生み出す土木の美学

　"あ〜、なんて美しいんだ！"。納期を前に多忙をきわめる構造技術者もふと手を休めるときがある。合理的に設計された構造物は審美的にも優れている。それは古より構造技術者やアーキテクトに伝わる構造学的センスに他ならない。合理性が美しさを創出し、美しさが感動を呼ぶのだ。

　ここでは厳選した画像パネルにて、アートと化した有限要素法FEMの事例をご堪能いただきたい。これらは、社会インフラの構築に用いられる多様な構造形式を包含していて、FEMの出力によりその構造美を際立たせることになる。

有限要素法FEMの魅力と威力

　1950年代〜60年代に欧米で出現した有限要素法（FEM：Finite Element Method）とは、対象構造物を有限個に要素分割（離

鋼製道路橋の3次元動的非線形解析

　鋼鈑桁＋鋼製トラスで構成される3径間の道路橋。左はバーチャルリアリティー（VR）を併用して、谷あいに架橋された様子を再現している。右は、FEM解析のための3次元構造図で、これから種々の過酷な荷重（活荷重、死荷重、地震荷重、風荷重 etc.）を課し、応力や変形等をチェックする。

　言い換えると、左画像は、架橋される周辺環境に馴染ませたVR画像であり、色彩も含めた景観アセスメントにも利用・活用される。右画像は、道路橋示方書に準拠してFEM解析が実行され、構造的な設計照査（設計基準におさまるかどうかの検討）を行う。この2つの画像で、ワクワク（審美的な吟味）とドキドキ（設計荷重に耐えうるか？）を同時進行させている。

散化）し、荷重・変位・振動・衝撃・温度など外的な荷重と作用（load & action）を与えたときの数値解を求める計算手法。つまり、設計途上にある構造物をサイバー空間に再現し、その構造性能structural performanceを照査する手法だ。

　想定内の荷重や想定外の荷重、あるいは過酷な地震荷重など、軽微な損傷から崩壊などリアルな非線形解析を何回も試算、設計することができる。実験室ではとうてい

実施できないような大規模土木構造物の挙動を再現できることもFEMの魅力であり威力だ。様々な自然災害や崩落事故等の原因究明や対策検討にも活用される。

　現在では多種多様の商用ソフトが開発、販売され、土木／建築／機械／原子力／自動車などの工学分野必須の解析設計ツールとして、縦横無尽にその威力を発揮している。いまや、FEMは、構造エンジニアや設計技術者にとってなくてはならない相棒だ。

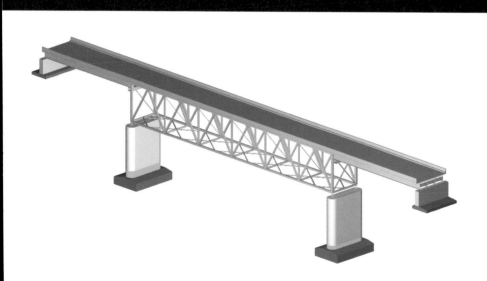

（画像提供＝（株）フォーラムエイト）

鉄塔基礎と貯水タンクの解析ポスター

　これはFEMの有用性を示唆する2つの事例を、ポスター形式にてレイアウトしたもの。上段は、掘削による鉄塔基礎部への影響解析、下段は、貯水タンクの地震応答解析による耐震診断。

　ポスター内にはFEM解析のポイントや手順、および構造物の実写も付記されている。華やかなコンピューター解析であるが、熟練エンジニアによる相応の準備や判断が必要であることを示唆する。

　なお、このポスターは、東京都市大学図書館企画展『Discover Doboku』（2014年秋開催）に呼応して制作・展示されたもの。訝しげに見入る高校生、高専生、大学生にも大いにアピールし、すこぶる好評と聞いている。未来の構造エンジニアの誕生だ。

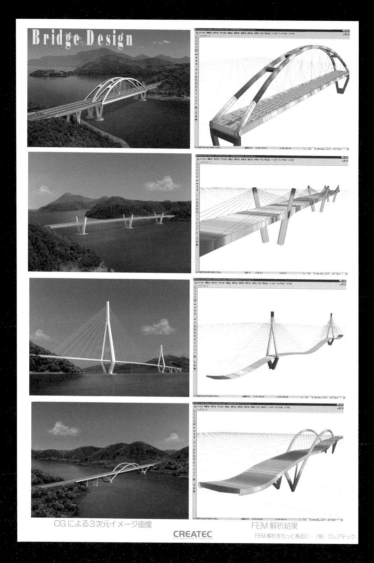

Bridge Design

CGによる3次元イメージ画像　　　　FEM 解析結果

CREATEC　　FEM 解析をもっと身近に…（株）クレアテック

鋼橋4形式のデザイン提案

　与えられた建設地点と発注仕様に対する、異なる4つの橋梁形式のデザイン比較。左列は、3次元コンピューターグラフィックによるイメージ比較であり、一方、右列はFEMによる解析結果を図化している。

　橋梁形式は、上から順に、ニールセンローゼ橋、エクストラドーズド橋、斜張橋、中路アーチ橋。従来は、ベテラン橋梁エンジニアの経験とそれまでの設計事例を頼りに進める作業であったが、このようなCG技術と計算技術の両分野の発展により、クリエイティブな作業に時間を振り分けることができるようになった。

　エンジニアのママやパパたちが、設計した構造物を、自慢げに家族に説明している情景が浮かぶ。"土木は重厚長大で、そして美しいのだ！"と言いながら。

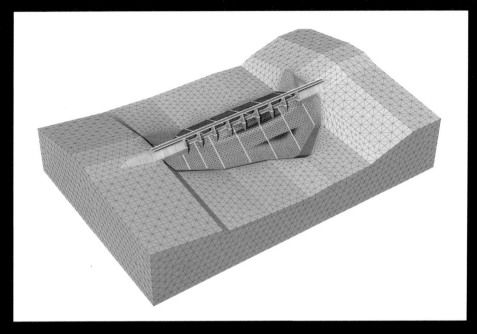

上空より俯瞰した巨大多目的ダム

　次は、雄大な巨大ダムを、FEMの3次元メッシュにて、俯瞰目線で描いている。本体ダムと周辺岩盤地盤を忠実にモデル化すれば、そのままの重厚感が醸し出される。そして、連立する8つの水門が凜々しく直立する。

　ここでも常時の荷重と非常時の荷重（地震または異常出水）に対して、構造検討（設計照査）がなされる。「洪水でも地震でも、いつでも来い！　地域住民を護りぬく！」そんな身構えた巨大多目的ダムの様子がありありと伝わってくるのも、3次元FEM画像の効能だ。

（画像提供＝（株）マイダスアイティジャパン）

きっかけは東京都市大学図書館企画展

　主題である "FEMの美学" は、2014年（平成26年）秋開催の図書館企画展がきっかけ。ソフトウェア会社の協力で、華麗なFEM出力をB2判ポスター8枚に仕上げた。訝しげに見入りつつも楽しく語らう大学生や高校生が記憶に残っている。建築architectureとは別世界の土木工学civil engineeringのダイナミズムと繊細さを伝えることができたと確信している。

有限要素法の未来は
Z世代に託したい

　長い歴史を経て、有限要素法（有限要素解析FEAとも呼ばれる）は豊富な商用ソフトが出揃い、異なる分野とも協力して成果を挙げている。昨今は、i-Construction

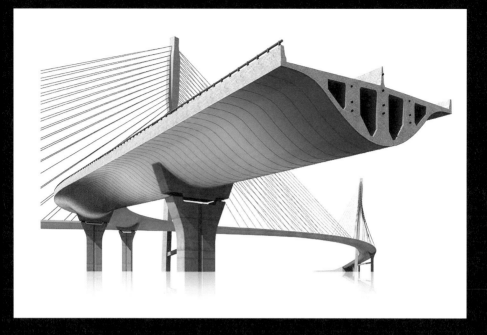

近代橋（PC箱桁橋と斜張橋）のイメージ画像

　橋梁デザインの醍醐味と繊細さの伝わるイメージポスター。華麗な近代橋をアーティスティックに描いている。中央にはPC箱桁橋が鎮座し、主桁底面が優美な曲線を見せている。同時に断面をあらわにし、鉄筋とPC鋼材の配筋も窺わせている。背景には斜張橋（曲橋）が控えている。

　20世紀末に開花した近代橋は、今世紀に全世界に普及し、線形レイアウトと構造美が競われている。審美性が重要であることを納得させてくれるが、われわれユーザーにも良し悪しの審美眼を持つ必要性がある。そのときはFEM画像が手助けしてくれる。

（画像提供＝（株）マイダスアイティジャパン）

や BIM/CIM に組み込まれ、AI（人工頭脳）の導入など、エンジニアリング分野を広く横断する。

　社会インフラのDX（デジタルトランスフォーメーション）にも組み込みたい技術だ。そして、次に来るのは、メタバースとの連携ではないか。そこには、単なるビジネスチャンスにとどまらず、新しくエンジニアリング魂を鼓舞するものがある。

　FEM解析を美学（structural aesthetics）の視点から訴求すると、より多くの市民にアピールし、拍手喝采を浴びることができるのではとも考えている。これは構造技術者からの提案であり、妄想かもしれない。

　"あ〜、土木はなんて美しく、そして楽しいんだ！"。FEMを駆使し、サイバー空間に魅了されたZ世代が、次の進化を究めることを期待したい。

EPISODE **22**

土木が奏でる"曲線美"の愉悦
—
アーチ、円弧、シェル……土木は曲線と曲面が得意

横浜市北部汚泥資源化センター
（PC卵形汚泥消化タンク／神奈川県横浜市）

ドイツにて開発された卵形消化タンクは、1980年代に我が国に導入され、その特徴的な構造形式とも併せ、大きな話題となった。華麗な中空軸対称シェル構造は、撹拌と保温効果の優れた効率的な汚泥処理能力とも併せ、2000年代初頭に100基以上の施工実績があったとのこと。耐震設計、曲面構造、2方向PCの導入、型枠技術など、設計・施工に際しては、高度な技術が要求される。
（画像提供＝横浜市環境創造局 北部下水道センター）

コンテンポラリーな曲線美の妙

　土木にとって、曲線構造や曲面構造は得意とするところだ。同じものは二度と建設されないであろう一品生産は、巧妙に誂(あつら)えられた曲線・曲面により時代を感じさせないコンテンポラリーな構造美を体現している。そして、このような適用事例（“作品”と呼びたい）に触発され、さらなる進化はできないか、想像は膨らむ。

　ここでは、曲線美を誇る選りすぐりの7事例を紹介したい。これらは、アーチ、円弧／球形、円筒形、シェルなど、これまで建築や空間構造に頻繁に用いられた構造形式でもある。本来なら、空間構造学、または立体構造学の立場から論ずべきところ、「見目麗しき土木施設」の事例紹介から始めたい。

新旧建設材料の紹介

　ここで、建設のキーとなる材料の特徴について、ごくごく簡単に紹介したい。

①鋼（steel）

煉瓦やコンクリートに比べて靱性（粘り強さ）に富み、JIS規格製品には多様な素材と製品（鋼材、鉄筋、鉄骨、2次製品）が勢揃いしている。冷間曲げ加工（ベンダー加工）など、長年培われた加工成形技術が継承され、曲線や曲面の構造にあっても建設材料としてコンクリートと並ぶ王者といえよう。

②コンクリート材料（concrete）

土木建築原子力構造物に多用されるコンクリート材料は、可塑性が特徴であり造形の自由度が高い。様々な曲面型枠が工夫され、かつ調配合や打設方法でも長足の進歩を遂げた。RC（鉄筋コンクリート）、PC（プ

レストレストコンクリート）、合成構造などの構造形式がある。プレキャスト製品と現場打ちコンクリートがあり、構造物の特徴や施工方法により使い分けされている。

③アルミニウム合金（aluminum alloy）

軽量（鋼の1/3程度）で比強度が高いことが特徴で、加工性、耐食性にも優れている。これまで機械部品として幅広く使われてきたが、土木・建築などにも事例が増えている。加工性や装飾性に優れていることは、斬新な曲面デザインのさらなる開発につながるだろう。

　このほかに建設材料の常連として、石材、煉瓦、木材があるが、これらも古より曲面構造の実例が多くあり、匠の技術が生きている。

進化していく造形美に夢が膨らむ

　改めて、アーチ橋やシェル構造などの曲線・曲面構造は、土木が得意とするところであり、新旧の建設材料の進化が後押ししている。3D CADやBIM/CIMの発展普及により、多くの構造形式が試みられていることも心強い。合理的に設計された曲線と曲面は、機能性と造形美を具備している。

　さらに、建設材料の高性能化、加工技術の進歩があり、そして3Dプリント技術などの新技術が台頭している。デザイナー×構造設計者×施工者／製造者の卓越した技量とコラボレーションが、さらに斬新な作品を呼び起こすだろう。これからどんな造形美が生み出されるのか楽しみだ。

[追記] 土木の曲線・曲面構造は、アート作品やモニュメントにも生かされている。COLUMN10にて傑作を紹介しているのでそちらも合わせて読んでいただきたい。

つくば科学万博 国連平和館
（プレキャストPC半球シェル／茨城県つくば市）

大空間を構築するための架構方式として球面シェル構造が採用されている。直径41mの完全球体の底部18/40を切り取った構造。緯度9度のプレキャスト部材40モジュール（9度×40＝360度）を専用工場にて製作し、現地にて組み立て緊結された。会場内に競うが如く設置された多くのパビリオン（博覧会場の巨大展示館）の中でも、シンプルな構造美と室内の大空間が異彩を放っていた。
（画像提供＝著者）

新港サークルウォーク
（4径間連続ループトラス橋／神奈川県横浜市）

みなとみらい21新港地区に設置された鋼製楕円形歩道橋（橋長225m、主構：楕円形ダブルワーレントラス）。平成11年（1999年）土木学会田中賞（作品賞）受賞。万国橋通りと国際大通りとの交差点に架けられた歩道橋は地の利もよい。橋上から見渡す360度の視界は、これから繰り出すデートのコース立案にも役立つ。
（撮影＝依田正広）

鳴子ダム
（アーチ式コンクリートダム／宮城県大崎市）

我が国初の100m級アーチダムは、控えめで気品に満ちた曲線美を呈する。しなやかで剛健な巨大アーチは鳴子峡の自然と一体となり、来訪者に安らぎを与えてくれる。クレストゲート8門から一斉に流れ落ちる水流は、"すだれ放流"として親しまれている。精巧なコンクリート曲面がたおやかな水流曲線を演出し、ときに50本の鯉のぼりが薫風に舞う。2016年度（平成28年度）土木学会選奨土木遺産。

相模原高架調整池上水タンク
（アルミニウム合金製のドームトラス屋根／神奈川県相模原市）

有効容量1万㎥の円筒形上水タンクに、アルミ合金製のドームトラス屋根を用いている。ドームトラス屋根は、現地にて組み上げたのちジャッキ上架またはクレーン上架される。軽量・高強度・高耐久性のアルミ合金はドーム構造に幅広い適用性があり、これからさらなる用途開発が楽しみだ。

（画像提供＝日軽エンジニアリング株式会社）

池田へそっ湖大橋
（5径間連続逆ランガーアーチ橋／徳島県三好市）

橋長705mの道路橋は、RC逆ランガーとPC箱桁ラーメンの併用により見事な構造美を演出している。ややスレンダーな直線部材とアーチ部材のマッチングが、コンクリート橋の優美さを醸し出している。5径間が連なる大橋は、最大支間200mのアーチ構造にて渡河し、その主役を構えている。上路形式の逆ローゼ橋は、渡るもよし、眺めるもよし、下をくぐるもよしの"三方よしの橋"だ。
（画像提供＝三好市観光協会）

シェル型ベンチ
（3Dプリンターによる施工）

いま話題の3Dプリンティング技術は、セメント系材料を用いて進化し、曲面構造に真価を発揮する。コンピューター制御されたマシンにより、積層造形による曲面・曲線構造を自在に造り出す。超高強度繊維補強コンクリートの開発が、鉄筋を用いないシェル構造を可能にしている（シェルshellとは、貝殻を意味する）。幅7m、奥行き5m、高さ2.5mのシェル型ベンチは、"座る"ことに留まらない。ときに安らぎ、ときに高揚感を与えてくれる。
（画像提供＝大林組）

DISCOVER DOBOKU MAP

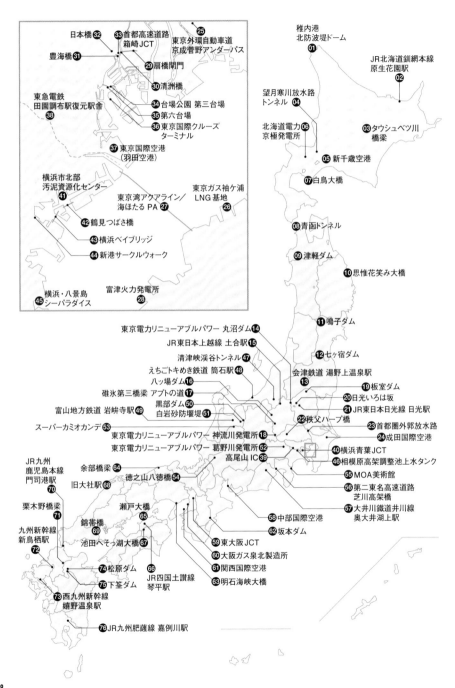

日本橋 32
首都高速道路 33
箱崎JCT
東京外環自動車道 25
京成菅野アンダーパス
豊海橋 31
扇橋閘門 29
清洲橋 30
東急電鉄 38
田園調布駅復元駅舎
台場公園 第三台場 34
第六台場 35
東京国際クルーズ 36
ターミナル
東京国際空港 37
(羽田空港)
横浜市北部 41
汚泥資源化センター
東京湾アクアライン／ 27
海ほたる PA
東京ガス袖ケ浦 26
LNG基地
鶴見つばさ橋 42
横浜ベイブリッジ 43
新港サークルウォーク 44
富津火力発電所 28
横浜・八景島 45
シーパラダイス

稚内港 01
北防波堤ドーム
JR北海道釧網本線 02
原生花園駅
望月寒川放水路 04
トンネル
北海道電力 06
京極発電所
タウシュベツ川 03
橋梁
新千歳空港 05
白鳥大橋 07
青函トンネル 08
津軽ダム 09
思惟花笑み大橋 10
鳴子ダム 11
七ヶ宿ダム 12
会津鉄道 湯野上温泉駅 13
板室ダム 19
日光いろは坂 20
JR東日本日光線 日光駅 21
秩父ハープ橋 22
首都圏外郭放水路 23
成田国際空港 24

東京電力リニューアブルパワー 丸沼ダム 14
JR東日本上越線 土合駅 15
清津峡渓谷トンネル 47
えちごトキめき鉄道 筒石駅 48
八ッ場ダム 16
碓氷第三橋梁 アプトの道 17
黒部ダム 50
富山地方鉄道 岩峅寺駅 49
白岩砂防堰堤 51
スーパーカミオカンデ 53
東京電力リニューアブルパワー 神流川発電所 18
東京電力リニューアブルパワー 葛野川発電所 52
高尾山 IC 39
横浜青葉JCT 40
相模原高架調整池上水タンク 46
MOA美術館 55
第二東名高速道路 56
芝川高架橋
大井川鐵道井川線 57
奥大井湖上駅
中部国際空港 58
坂本ダム 62
東大阪JCT 59
大阪万博泉北製造所 60
関西国際空港 61
明石海峡大橋 63

JR九州 70
鹿児島本線
門司港駅
栗木野橋梁 71
九州新幹線 72
新鳥栖駅
余部橋梁 64
旧大社駅 68
徳之山八徳橋 54
瀬戸大橋 65
錦帯橋 69
池田へそっ湖大橋 67
松原ダム 74
下筌ダム 75
西九州新幹線 73
嬉野温泉駅
JR四国土讃線 66
琴平駅
JR九州肥薩線 嘉例川駅 76

56
第二東名高速道路 芝川高架橋
（p.128）
静岡市清水区

57
大井川鐵道井川線
奥大井湖上駅（p.074）
静岡県川根本町

58
中部国際空港（p.050）
愛知県常滑市

近畿地方

59
東大阪JCT（p.110）
大阪府東大阪市

60
大阪ガス泉北製造所（p.120）
大阪府堺市・高石市
●関連施設：「大阪ガス ガス科学館」大阪府高石市高砂3-1 大阪ガス株式会社泉北製造所第二工場内（科学館・工場見学は無料・予約制）

61
関西国際空港（p.050）
大阪府泉佐野市
●関連施設：「関空展望ホールスカイビュー」（無料）

62
坂本ダム（p.023）
奈良県上北山村

63
明石海峡大橋（p.042）
兵庫県神戸市／兵庫県淡路市
●見学ツアー：「明石海峡大橋ブリッジワールド」（有料・予約制）
●関連施設：「橋の科学館」兵庫県神戸市垂水区東舞子町4-114（有料）

64
余部橋梁（p.080）
兵庫県香美町

●関連施設：余部鉄橋「空の駅」・「余部クリスタルタワー」兵庫県美方郡香美町香住区余部（無料）

中国・四国地方

65
瀬戸大橋（p.038）
岡山県倉敷市／香川県坂出市
●見学ツアー：「瀬戸大橋スカイツアー」（有料・予約制）
●関連施設：「瀬戸大橋記念館」香川県坂出市番ノ州緑町6-13（無料）

66
JR四国土讃線 琴平駅（p.070）
香川県琴平町

67
池田へそっ湖大橋（p.167）
徳島県三好市

68
旧大社駅（p.075）
島根県出雲市
※令和7年度まで工事のため見学不可（予定）

69
錦帯橋（p.056）
山口県岩国市

九州・沖縄地方

70
JR九州鹿児島本線 門司港駅
（p.075）
福岡県北九州市

71
栗木野橋梁（p.151）
福岡県東峰村

72
九州新幹線 新鳥栖駅（p.076）
佐賀県鳥栖市

73
西九州新幹線 嬉野温泉駅
（p.076）
佐賀県嬉野市

74
松原ダム（p.022）
大分県日田市
●見学ツアー：無料・予約制
●関連施設：「松原ダム資料室 まつばら館」大分県日田市大山町西大山（無料）

75
下筌ダム（p.023）
大分県日田市
熊本県小国町
●見学ツアー：無料・予約制
●関連施設：「下筌ダム資料室 しもうけ館」大分県日田市中津江村栃野（無料）

76
JR九州肥薩線 嘉例川駅
（p.075）
鹿児島県霧島市

※見学情報は2023年6月時点でのものです。時期によって中止や変更になる場合がありますので、各施設のHPなどを確認の上お出かけください。

参考文献・参照サイト

PROLOGUE
●「インタビュー 土木は歴史から何を学ぶべきか」語り手：磯田道史、聞き手：高橋良和（土木学会誌、2022年9月号）
●吉川弘道 "魅せる土木" の工夫と効果的な情報発信による広報プロモーション」（月刊建設17巻（5号）、2017）

第1章　次世代に伝えたい巨大インフラ施設

EPISODE 01　横浜ベイブリッジが豪華客船を丁重に出迎えた
●橋梁の基礎知識：建設コンサルタント長野技研HP
https://www.naganogiken.co.jp/knowledge00/
●The Page（YAHOO！ニュース：2014/3/18配信）
https://news.yahoo.co.jp/articles/f6e35864be797213ce759d675d66e86a5329169f

EPISODE 02　巨大揚水発電所を探訪する
●電力広域的運営推進機関（pdf資料）
https://www.occto.or.jp/kyoukei/teishutsu/files/kaisetu.pdf
●JST低炭素社会戦略センターによる提案書（2019年1月）
https://www.jst.go.jp/lcs/proposals/fy2021-pp-04.html
●エネルギー・発電設備／京極水力：北海道電力HP
https://www.hepco.co.jp/energy/water_power/kyogoku_ps.html
●世界最大級の揚水式水力発電所「神流川発電所」：東京電力リニューアブルパワーHP
https://www.tepco.co.jp/rp/business/hydroelectric_power/domestic/main.html
●多様化するNATM：鹿島HP
https://www.kajima.co.jp/news/digest/aug_2000/toku03.htm
●吉川弘道「プロジェクトレポート 世界最大級の純揚水式葛野川発電所——有効落差714mに挑む」（土木学会誌、1996年1月号）

EPISODE 03　東京湾はかくもエキサイティング
●エネルギーの実績／東：日本港湾コンサルタントHP
https://www.jportc.co.jp/genre/energy_facilities
●アトラクション／サーフコースターリヴァイアサン：横浜・八景島シーパラダイスHP
http://www.seaparadise.co.jp/pleasureland/attraction/surf_coaster.html
●そもそも東京湾とは？：国土交通省 東京湾口航路事務所HP
https://www.pa.ktr.mlit.go.jp/wankou/knowledg/index.htm
●「東西連系ガス導管」の運用開始について：東京電力プレスリリース2009年
http://www.tepco.co.jp/cc/press/09032701-j.html
●北斎と広重が描いた浦賀の灯台：牧村あきこの「探検ウォークしてみない？」
https://soloppo.com/220227-uraga/
●事業紹介／富津火力発電所：JERA HP
https://www.jera.co.jp/business/thermal-power/list/futtsu
●建築作品／東京クルーズターミナル：安井建築設計事務所HP
https://www.yasui-archi.co.jp/works/detail/662005/index.html
●ユニークベニュー施設一覧／東京国際クルーズターミナル：TOKYO unique venues
https://uniquevenues-jp.metro.tokyo.lg.jp/venues/metropolitan/12004/

EPISODE 04　ノーベル賞を育むスーパーカミオカンデ

●スーパーカミオカンデ概要：東京大学宇宙線研究所神岡宇宙素粒子研究施設HP
https://www-sk.icrr.u-tokyo.ac.jp/sk/
●鶴見・藤井・中川「スーパーカミオカンデの空洞掘削について」（資源と素材、111(1995)No.6)
https://www.jstage.jst.go.jp/article/shigentosozai1989/111/6/111_6_381/_pdf
●ハイパーカミオカンデ概要：ハイパーカミオカンデHP
https://www-sk.icrr.u-tokyo.ac.jp/hk/about/outline/
●東京大学ハイパーカミオカンデ 着工記念式典：鹿島HP
https://www.kajima.co.jp/tech/civil_engineering/topics/210528.html

EPISODE 05　長大吊橋のダイナミズムとメカニズムをさぐる
●瀬戸中央自動車道：JB本四高速HP
https://www.jb-honshi.co.jp/seto-ohashi/
●特集：本州四国連絡橋 月報KAJIMAダイジェスト
https://www.kajima.co.jp/news/digest/jun_1999/tokushu/
●安心、安全、快適に瀬戸大橋の200年守る：Business Kagawa HP
https://www.bk-web.jp/post.php?id=407
●ヒョーゴアーカイブスHP
https://web.pref.hyogo.lg.jp/archives/index.html
●「淡路に届け！（明石海峡大橋建設中）」1996：ヒョーゴアーカイブスHP
https://web.pref.hyogo.lg.jp/archives/c145.html
●瀬戸大橋スカイツアー／瀬戸大橋 開通35周年：JB本四高速HP
https://www.jb-honshi.co.jp/skytour/index.html

EPISODE 06　上空から俯瞰する羽田空港D滑走路
●D滑走路整備事業：国土交通省東京空港整備事務所HP
https://www.pa.ktr.mlit.go.jp/haneda/haneda/01-gaiyou/d-run/index.html
●特集「世界に羽ばたく羽田空港」／D滑走路完成：鹿島HP
https://www.kajima.co.jp/news/digest/feb_2009/tokushu/toku01.html
●空港土木施設設計要領（施設設計編）：国土交通省航空局（平成31年4月）
https://www.mlit.go.jp/common/001323919.pdf

第2章　土木のレガシーを綴る

EPISODE 07　錦帯橋と日本橋のクロニクル
●錦帯橋：山口県観光サイト
https://yamaguchi-tourism.jp/spot/detail_11342.html
●アーチ橋の建設方法：岩国市公式HP
http://kintaikyo.iwakuni-city.net/tech/build1.html
●日本橋：文化遺産オンライン Cultural Heritage Online
https://bunka.nii.ac.jp/heritages/detail/147271

EPISODE 08　巨大ダムのカリスマ 黒部ダム
●「関西電力黒部第四水力発電〜日本が世界銀行から貸出を受けた31のプロジェクト」：世界銀行
https://www.worldbank.org/ja/country/japan/brief/31-projects-kuroyon
●土木学会土木史研究委員会編『図説近代日本土木史』（鹿島出版会、2018）
●竹村陽一（インタビュー記事）「黒部ダム 堤高36mの攻防——黒部川第四発電所工事の設計変更の変遷を追う」（土木学会誌、

2021年6月号）
●「黒部の太陽」〜黒部川第四発電所・大町トンネル工事：熊谷組HP
https://www.kumagaigumi.co.jp/kurobe/index.html

EPISODE 09　ノスタルジックな鉄道駅舎を訪ねる
●浪漫溢れる鉄道駅舎：web サイト土木ウォッチング
https://www.doboku-watching.com/search.php
●駅をめざして final destination：NIKKEI The STYLE（2022年10月9日 井土聡子 竹邨章撮影）
●田園調布駅旧駅舎を復元：東急電鉄HP
https://www.tokyu.co.jp/file/991227.pdf

EPISODE 10　明治に生まれ令和に生きる余部橋梁
●鉄道150年の「愛」はどこに：日本経済新聞 文化時評（2022年9月11日 大島三緒）
●余部鉄橋「空の駅」〜余部鉄橋の再出発！〜：兵庫県HP
https://web.pref.hyogo.lg.jp/ks05/soranoeki.html
●100年後の土木遺産を目指す『余部橋梁』：清水建設HP
https://www.shimz.co.jp/topics/construction/item01/content03/
https://www.shimz.co.jp/photo/1110.html
●余部鉄橋「空の駅」展望施設：香美町HP
https://www.town.mikata-kami.lg.jp/www/contents/1617585228929/index.html

EPISODE 11　古色蒼然 土木遺産の四題噺
●畑山義人「稚内港北防波堤物語」（土木学会誌、2004年2月号）
●稚内港北防波堤ドーム：北海道遺産HP
https://www.hokkaidoisan.org/wakkanai_dome.html
●重要文化財 常願寺川砂防施設（白岩堰堤）：富山県立山カルデラ砂防博物館HP
https://www.tatecal.co.jp/tatecal/sekaiisan.pdf
●文化遺産オンライン／常願寺川砂防施設白岩堰堤：文化庁HP
https://bunka.nii.ac.jp/heritages/detail/192113
●辻幸和「丸沼ダムの遮水壁のPC版による補修」（プレストレストコンクリート、vol.62、no.1、Jan. 2020）
●事業紹介／群馬丸沼ダム：TEPCO HP
https://www.tepco.co.jp/rp/business/hydroelectric_power/mechanism/dam/list/marunuma.html
●丸沼ダム［群馬県］／ダム便覧2021：日本ダム協会HP
http://damnet.or.jp/cgi-bin/binranA/All.cgi?db4=0595

EPISODE 12　平成期に活性化した舟運事業
●両国納涼花火ノ図（一立斎広重）：国立国会図書館デジタルコレクション
https://dl.ndl.go.jp/pid/1307357/1/1
●隅田川花火大会：台東区文化探訪アーカイブスHP
https://www.culture.city.taito.lg.jp/bunkatanbou/customs/hanabi/japanese/guide_01.html
●国土文化研究所について：建設技術研究所HP
http://www.ctie.co.jp/kokubunken/about/#anc03
●東京都江東治水事務所／扇橋閘門：東京都建設局HP
https://www.kensetsu.metro.tokyo.lg.jp/content/000005861.pdf
●T. Y. HARBOR（facebook）
https://www.facebook.com/tyharbor
●岡本哲志 監修『古地図で歩く江戸城・大名屋敷：歴史と地形で愉しむ江戸・東京』（太陽の地図帖、平凡社、2011）

第3章　日本の土木技術に出会う

EPISODE 13　防災地下神殿・首都圏外郭放水路の威容
●清水義彦「都市政策と連携した治水」（土木学会誌、2020年11月号）
●首都圏外郭放水路／防災地下神殿（現地パンフレット）：国土交通省江戸川河川事務所
●首都圏外郭放水路：国土交通省江戸川河川事務所HP
https://www.ktr.mlit.go.jp/edogawa/gaikaku/

●日本が世界に誇る防災地下神殿／コース詳細
https://gaikaku.jp/course/

EPISODE 14　心躍る高速道路のJCTとIC
●丹羽信弘「立体交差の芸術美──ジャンクションは立体芸術だ」（土木技術、77巻 3号、2022）
●首都高速道路株式会社、阪神高速道路株式会社ほか 監修『高速ジャンクション&橋梁の鑑賞法』（講談社、2019）
●光の「知恵の輪」尾尾山IC：読売新聞（2014年6月24日記事）
●事業の軌跡／圏央道（国道468号）：国土交通省相武国道事務所HP
https://www.ktr.mlit.go.jp/sobu/sobu00193.html
●関西地域のジャンクションのご案内／東大阪JCT路線図：NEXCO西日本HP
https://www.w-nexco.co.jp/search/jct_map/kansai/
●首都高北西線の概要／横浜青葉JCT・横浜青葉出入口
https://www.shutoko.jp/ss/hokusei-sen/guide/

EPISODE 15　都市トンネル構築技術の王者 シールド工法
●土木工事写真コンテスト：全国土木施工管理技士会連合会HP
https://www.ejcm.or.jp/photo/
●技術・ソリューション／土木事業：大豊建設HP
https://www.daiho.co.jp/tech/civil_eng/
●技術・ソリューション／スマートシールド：安藤ハザマHP
https://www.ad-hzm.co.jp/solution/s_tunnel/detail_03/

EPISODE 16　マイナス162℃の液化天然ガスを貯蔵する巨大魔法瓶
●LNG地上式貯槽指針／LNG地下式貯槽指針LNG（日本ガス協会）
●世界最大級LNGタンク建設プロジェクト：大阪ガスHP
https://www.osakagas.co.jp/company/enterprise_future/article2/
●大阪ガス泉北製造所5号LNGタンク設置工事：大林組HP
https://www.obayashi.co.jp/thinking/detail/project23.html
●プレスリリース／LNG（液化天然ガス）の導入から50周年：東京ガスHP
https://www.tokyo-gas.co.jp/news/press/20191101-01.html

EPISODE 17　やじろべえ工法が大活躍する高架橋の建設
●実績紹介／橋梁上部工：オリエンタル白石HP
http://www.orsc.co.jp/res/con13.html
●カンチレバー技術研究会HP
徳之山八徳橋：https://www.cantilever-method.org/wp-content/uploads/tokunoyama.pdf
芝川高架橋：https://www.cantilever-method.org/wp-content/uploads/shibakawa.pdf
●橋梁の構造　①橋の構成と名称：土木LIBRARY
https://chansato.com/doboku/bridge-structure/

EPISODE 18　ヨーロッパを陸続きにした鉄のモグラ
●世界記録を残した川崎重工のトンネル掘削機：川崎重工HP
https://answers.khi.co.jp/ja/archive/tunnel-boring-machines/
●Top 10 Achievements & Millennium Monuments
http://www.ce.memphis.edu/1101/interesting_stuff/14_01_00_2d9a6.pdf
●Rail Transportation/Monument: Eurotunnel: ASCE Monuments of the Millennium（人類が20世紀に遺した偉大な技術への挑戦、月刊国際友社）

第4章　土木はもはやアートである！

EPISODE 19　トンネルはアートの聖地だ！
●ECHIGO-TSUMARI ART FIELD：現地配布パンフレット
●清津峡渓谷トンネルTunnel of Light：ECHIGO-TSUMARI ART FIELD
https://www.echigo-tsumari.jp/art/artwork/periscopelight_cave/
●七ヶ宿ダム見学MAP：七ヶ宿ダムHP
https://www.thr.mlit.go.jp/shichika/05kengaku/pdfs/map2021-2.pdf

●建築／本館／アートストリート：MOA 美術館 HP
https://www.moaart.or.jp/about/architecture/other/
●MOA 美術館本館・円形ホール：日建連 第24回受賞作品（1983年）
https://www.nikkenren.com/kenchiku/pdf/319/0319.pdf

EPISODE 20　星降る橋の魅惑
●土木夜景・イルミネーション：web サイト 土木ウォッチング
https://www.doboku-watching.com/cmsQ.php

EPISODE 21　有限要素法の美学：Structural Aesthetics in FEM
●吉川弘道 編著『都市の地震防災』（フォーラムエイトパブリッシング、2013）
●フォーラムエイト HP
https://www.forum8.co.jp/
●事例・技術レポート：クレアテック HP
https://createc-jp.com/technical-report/
●マイダス事業／ MIDAS Family Program：マイダスアイティジャパン
https://midasit.co.jp/%e4%ba%8b%e6%a5%ad%e5%88%86%e9%87%8e/midas%ba%8b%e6%a5%ad/

EPISODE 22　土木が奏でる"曲線美"の愉悦
●坪井義昭・小堀徹・大泉楯・原田公明・鳴海祐幸『［広さ］［長さ］［高さ］の構造デザイン』（建築技術、2007）
●汚泥浄化センターパンフレット：横浜市 HP
https://www.city.yokohama.lg.jp/kurashi/machizukuri-kankyo/kasen-gesuido/gesuido/center/saisei_center/12src.files/0033_20190226.pdf
●渡辺邦夫「国連平和館の設計と施工──プレキャスト PC 球形シェル構造」（コンクリート工学、vol.23、no.6、June1985）
●新しい歩行空間と構造合理性を追求した斬新なデザイン：日本橋梁建設協会
https://www.jasbc.or.jp/technique/nijihashi70/nijihashi70-15.php
●国土交通省東北地方整備局：鳴子ダム管理所 HP
https://www.thr.mlit.go.jp/naruko/
●アルミニウム土木製品・構造物の紹介：日本アルミニウム協会 HP
https://www.aluminum.or.jp/doboku/files/20130214.pdf
●施工実績／相模原高架調整池改良工事：三井住友建設 HP
https://www.smcon.co.jp/works/2013/12047235/
●大歩危祖谷観光 NAVI ／池田へそっ湖大橋：三好市公式観光サイト
https://miyoshi-tourism.jp/spot/ikedahesokkoohashi/
●坂上・中村・穴吹・金子・松永・福見「建設用3D プリンターにより製造したシェル型ベンチの設計と施工」（大林組技術研究所報、no.84、2020）
https://www.obayashi.co.jp/technology/shoho/084/2020_084_44.pdf

COLUMN

1　ダム版アカデミー賞「日本ダムアワード」
●JAPAN DAM AWARD：http://japandamaward.org/
●土木広報大賞とは：http://koho-taisho.jsce.info/about/

2　よく似ている橋梁基礎と歯科インプラント
●若林健二・小方頼昌『聞くに聞けない歯周病治療100』（歯科総合出版社／デンタルダイヤモンド社、2018）

3　北海道の自然と対峙するタウシュベツ川橋梁
●NPO ひがし大雪自然ガイドセンター
http://www.guidecentre.jp/
●河田充「タウシュベツ川橋梁を知っていますか」（建設機械施工、Vol.73、No.10、2021）
https://jcmanet.or.jp/bunken/kikanshi/2021/10/082.pdf

4　鉄道遺構「アプトの道」をてくてく歩いてみよう
●アプトの道（遊歩道）：安中市 H P
https://www.city.annaka.lg.jp/kanko_spot/aputonomiti.html
●小野田滋『鉄道構造物を探る 日本の鉄道用橋梁・高架橋・トンネルのバリエーション』（講談社、2015）

5　挙動観測で察知する土木の息遣い
●製品情報／土木・建築：共和電業 HP
https://www.kyowa-ei.com/jpn/product/sector/building/index.html

6　環状交差点（ラウンドアバウト）とは
●環状交差点（ラウンドアバウト）：名古屋市 HP
https://www.city.nagoya.jp/ryokuseidoboku/page/0000125529.html

7　海に浮かぶ巨大船 グラブ浚渫船と起重機船
●使用船舶：小島組 HP
https://www.kk-kojimagumi.co.jp/ship/
●主要作業船／第50吉田号：吉田組 HP
https://yoshida-gumi.co.jp/machinery/yoshidago_50/
●国土交通省水管理・国土保全局編「海岸統計」令和3年度版
https://www.mlit.go.jp/river/toukei_chousa/kaigan/pdf/20220418.pdf

8　都市の成長を支援するアンダーパス工法
●アンダーパス技術協会
https://underpass.info/
●岸田正博・藤原英司・森本大介・藤田淳「世界最大級断面のR&C工法で鉄道営業線直下に道路トンネルを構築──東京外かく環状道路京成菅野駅アンダーパス」（トンネルと地下、vol.48、no.8、2017）
●東京外環自動車道 京成菅野アンダーパス工事
https://www.nikkenren.com/doboku/prize/award/assets/2021/whaNpdJedeInMeuqoSDked/main.pdf

9　ダムカード＆マンホールカードを集めよう
●農地・農村（深山ダム、板室ダムの概要）：栃木県庁 HP
http://www.pref.tochigi.lg.jp/g57/miyamagaiyou.html
●マンホールカード：GKP 下水道広報プラットホーム HP
https://www.gk-p.jp/activity/mc/

10　コンクリートでアートしよう
●JCI '05 文化を創るコンクリートⅡ：第2回アートミュージアム
http://www.jci-net.or.jp/j/events/conv/img/Art_museum.pdf
●特集「コンクリート」（アート＆デザイニング、コンクリート工学、vol.45、no.1、2007）
●デザイナーズコンクリート倶楽部（コンクリートをもっと身近に）：土木ウォッチング HP
https://www.doboku-watching.com/cmsS.php?Kiji_List21

EPILOGUE
●吉川弘道・山口博之『CE リポート：小学生に土木を教える！─空から見るダムと橋─』（土木学会誌、2012年10月号）
●子や孫と楽しむ土木コンテンツ「シェア」と「いいね！」で広げる"魅せる土木"─土木構造物の投稿画像サイトを主宰─」（土木学会誌、2016年10月号）

EPILOGUE

"日本の土木は、本当に素晴らしい！" —— 本書を書き終えて、心底そう思った。

　これらを次世代にきちんとバトンタッチしなければならない。土木は人間より寿命が長く、100年の供用期間が当たり前となっている。土木施設は数世代に仕えることになるが、維持管理や原型保存が現世代の役割だ。現在稼働している土木施設は長寿命化が喫緊の課題であり、巨大インフラは200年の長寿命化が話題になっている。

　振りかえると、第1章「次世代に伝えたい巨大インフラ施設」は、現在稼働する巨大インフラを6つのEPISODEに認め、第2章「土木のレガシーを綴る」では、明治・大正・昭和に竣工し、なお現役をつらぬく土木施設の物語をまとめた。第3章「日本の土木技術に出会う」では、日本が得意とする建造技術をエキサイティングな画像とともに紹介した。大地に根を張る一品生産はときとしてアートと化し、これを第4章「土木はもはやアートである！」にて例証した。

　これら22のEPISODEを執筆することは、見識と経験に溢れる事業者やエンジニアの皆様の思いを反芻し、理解することでもあった。あらためて、興味をもった記事を読み返し、写真やイラストも楽しんでいただきたい（筆者の私が、そうしている）。大学生の課題レポート・高校生や中学生の自由研究の題材になればこの上ない幸せだ。これだけで本書の目的は達成される（ご一報いただければ、説明に馳せ参じます）。

　刊行にあたり、実に多くの自治体、事業体、企業、団体、公的機関、研究機関など、そして個人の方々より、写真や資料をご提供いただいた。どれも素晴らしい画像であり、ポイントをついたイラストであり、貴重な工学資料だ。ご協力いただいた皆様には、深甚なる謝意を表したい。また、平凡社編集部の日下部行洋氏、渡辺弥侑氏、加えてデザイナーの木村真喜子氏のご尽力により、大変素晴らしい書籍の刊行に至ったことを記し、衷心より御礼申し上げる。

付記：これまで連載したシリーズを下記のように明記し、御礼に代えさせていただきたい。理系人間である筆者の文章力を鍛錬する場でもあった。
・画像で見る土木の不思議（伊藤忠テクノソリューションズ）
・Doboku de Date（月刊土木技術 理工図書）
・土木が原風景となる時（YAHOO！ニュース THE PAGE）
・Love Doboku KANAGAWA（土木施設情報発信等推進事業）
・土木が好きになる27の物語（フォーラムエイト）
ご興味があれば、タイトルをキーワードにて検索していただきたい。

令和5年6月　　吉川弘道

PROFILE

吉川弘道　よしかわひろみち

1952年生まれ、東京都出身。早稲田大学理工学部卒業。
㈱間組（現 ㈱安藤・間）技術研究所、米コロラド大学客員教授、東京都市大学（旧 武蔵工業大学）工学部教授を経て、現在、同大学名誉教授。近年は、インフラツーリズム推進会議議長として各種イベントを主催し、刊行物の監修を務める。「魅せる土木」を提唱し、執筆や講演のほかSNSで情報を発信している。工学博士（東京大学）、技術士（建設部門）、特別上級土木技術者（土木学会）、1級土木施工管理技士。専門は鉄筋コンクリート、耐震設計、地震リスク。
【受賞歴】土木学会論文賞、土木学会吉田賞（論文部門）、日本コンクリート工学会論文賞、構造工学シンポジウム論文賞、優秀教育者賞（東京都市大学）、土木広報大賞準優秀部門賞（土木学会）ほか。
【著書】『鉄筋コンクリートの解析と設計』『鉄筋コンクリート構造物の耐震設計と地震リスク解析』（以上、丸善）、『都市の地震防災』（共著、フォーラムエイトパブリッシング）、『土木練習帳——コンクリート工学』（共著、共立出版）など。
【主な委員歴】人事院国家公務員採用I種試験（土木）試験専門委員、科学研究費助成事業書面審査員（日本学術振興会）、コンクリート構造診断士試験運営委員会委員長（プレストレストコンクリート工学会）、地震リスクマネジメントと事業継続性小委員会委員長（土木学会）、次世代空港講座実行委員会委員長、インフラツーリズム推進会議議長、ナショナル・レジリエンス・デザインアワード審査委員会委員長（フォーラムエイト）、岡部亨和奨学財団評議員。
【主宰】
webサイト「土木ウォッチング」https://www.doboku-watching.com/
Facebook「Discover Doboku」https://www.facebook.com/DiscoverDoboku/

DISCOVER DOBOKU
土木が好きになる22の物語

2023年7月12日　初版第1刷発行

著者　吉川弘道
発行者　下中美都
発行所　株式会社平凡社
　　　　〒101-0051
　　　　東京都千代田区神田神保町3-29
　　　　電話　03-3230-6585（編集）
　　　　　　　03-3230-6573（営業）
　　　　ホームページ　https://www.heibonsha.co.jp/

装丁・デザイン　木村真喜子(lunch)
イラスト・地図　尾黒ケンジ
印刷・製本　大日本印刷株式会社

参考元表記のない図はすべて著者作成、提供元表記のない画像はすべて画像提供＝PIXTAです。

本書の作成にあたり、記述・画像許諾確認には慎重を期しましたが、万が一誤記がありましたら、編集部までお知らせください。

©Hiromichi Yoshikawa 2023 Printed in Japan　ISBN 978-4-582-54476-3
乱丁・落丁本のお取り替えは直接小社読者サービス係までお送りください（送料は小社で負担いたします）。